含氧酸盐稀土发光材料及应用

OXYSALT RARE EARTH LUMINESCENT MATERIALS
AND APPLICATIONS

崔瑞瑞　著

化学工业出版社

·北京·

内 容 简 介

本书综合现有研究成果与作者团队的实验数据，系统介绍了含氧酸盐稀土发光材料制备、性能及应用。涉及的体系包括稀土离子 Eu^{3+}、Sm^{3+} 掺杂 $Sr_3CaNb_2O_9$，Eu^{3+}、Sm^{3+}、Dy^{3+}/Sm^{3+} 掺杂 $BaLaGaO_4$，Sm^{3+}、Dy^{3+}/Sm^{3+} 掺杂 Ca_2GaNbO_6，Sm^{3+}、Dy^{3+}/Sm^{3+} 掺杂 Ca_2GaTaO_6，Sm^{3+}、Dy^{3+}/Sm^{3+} 掺杂 $NaBaBi_2(PO_4)_3$。针对每种发光材料，都探讨了如何通过改变掺杂浓度、基质材料、合成条件等因素来调控含氧酸盐稀土荧光粉的发光性能，并详细阐述了其在照明、温度传感等领域的应用案例，展示了其广阔的应用前景。

本书可供稀土材料、发光材料相关领域的研究人员参考使用。

图书在版编目（CIP）数据

含氧酸盐稀土发光材料及应用/崔瑞瑞著. -- 北京：化学工业出版社，2025. 9. -- ISBN 978-7-122-48570-0

Ⅰ. TB39

中国国家版本馆CIP数据核字第2025FL6393号

责任编辑：韩霄翠　仇志刚　　　　　　文字编辑：张瑞霞
责任校对：李　爽　　　　　　　　　　装帧设计：王晓宇

出版发行：化学工业出版社（北京市东城区青年湖南街13号　邮政编码100011）
印　　装：北京建宏印刷有限公司
710mm×1000mm　1/16　印张13　字数243千字　2025年9月北京第1版第1次印刷

购书咨询：010-64518888　　　　　　　　售后服务：010-64518899
网　　址：http://www.cip.com.cn
凡购买本书，如有缺损质量问题，本社销售中心负责调换。

定　　价：148.00元

在当今科技日新月异的时代，材料科学作为科技进步的重要基石，正引领着多个领域的革新与升级。含氧酸盐稀土发光材料，凭借其独特的发光特性，已成为材料科学研究的新热点。稀土元素，因独特的电子排布和丰富的能级跃迁特性，在发光材料领域展现出非凡的应用潜力。通过稀土离子的巧妙掺杂，可以显著调控材料的发光特性，包括发光颜色、发光效率及稳定性等，以满足多样化的应用需求。含氧酸盐荧光粉，作为一类性能卓越的发光材料，因其制备简便、成本低廉且发光性能优良，成为稀土掺杂的理想基质。

含氧酸盐稀土荧光粉的发光性能研究，不仅涉及量子力学、固体物理学、光谱学等基础理论，还涵盖材料制备、性能测试及应用拓展等多个维度。在发光机制层面，稀土离子的掺杂会改变材料的晶体与电子结构，进而影响其发光性能。通过深入探究稀土离子的掺杂效应、能量传递机制及发光中心与基质材料的相互作用，我们可以揭示含氧酸盐稀土荧光粉的发光奥秘，为性能优化提供坚实的理论基础。

在性能优化方面，含氧酸盐稀土荧光粉的发光性能受多种因素制约，包括掺杂离子的种类与浓度、基质材料的特性及制备工艺等。通过精细调控这些因素，我们可以实现对荧光粉发光性能的精准控制。例如，调整掺杂离子的种类与浓度，可以优化荧光粉的发光颜色与效率；改进制备工艺，则能提升荧光粉的纯度和分散性，进一步增强其发光性能。

在应用层面，含氧酸盐稀土荧光粉凭借其独特的发光特性，在照明、显示、生物医学及环境监测等多个领域展现出广阔的应用前景。在照明领域，它可作为

LED 光源的发光材料，提升照明效率与显色指数；在显示领域，它可作为荧光屏的核心材料，实现高清、高色域的显示效果；在生物医学领域，它可作为生物标志物，助力细胞成像与药物追踪等研究；在环境监测领域，它可作为传感器材料，有效监测大气、水质等环境中的有害物质。

通过综合现有研究成果与作者团队的实验数据，本书将围绕含氧酸盐稀土荧光粉的发光性能与应用展开全面探讨，从发光机制、性能优化到应用领域逐一剖析。同时，本书也旨在为相关领域的研究人员与工程师提供宝贵的参考信息与灵感源泉，共同推动含氧酸盐稀土荧光粉的研究与应用迈向新的高度。

著者

2025 年 5 月

目录
CONTENTS

第 6 章   Ca$_2$GaNbO$_6$:RE^{3+} 的发光性能与应用   123

第1章

绪论

稀土离子凭借其独特的物理化学性质、多样的电子能级结构以及持久的能级寿命，常被作为发光中心掺入合适的基质材料中。在紫外 / 近紫外光或蓝光的激发下，这些稀土离子能展现出丰富多彩的光致发光特性。作为一类关键的稀土功能材料，稀土发光材料因具备卓越的光学性能，在照明、显示技术、防伪、光学测温以及生物医学等多个领域得到了广泛应用。随着稀土发光基础研究的日益深化、科学技术的持续进步，以及民众生活质量的提升，人们对发光材料的性能提出了更为严格的要求。因此，探索新的基质材料，并研发具备优异性能的发光材料，依然是当前研究的一个重要课题。

1.1 稀土元素

1.1.1 稀土元素的分类与发光特性

稀土元素，作为化学性质相近的一组金属元素，它们位于元素周期表中，从 57 号镧（La）至 71 号镥（Lu），依次为镧（La）、铈（Ce）、镨（Pr）、钕（Nd）、钷（Pm）、钐（Sm）、铕（Eu）、钆（Gd）、铽（Tb）、镝（Dy）、钬（Ho）、铒（Er）、铥（Tm）、镱（Yb）、镥（Lu）以及与镧系元素密切相关的两个元素——钪（Sc）和钇（Y），共 17 种。这些元素的电子结构特征在于均含有 4f 电子壳层，彼此间的主要差异体现在 4f 壳层中电子数量的不同。稀土化合物因其展现出的独特物理与化学性质，在光学、电学和磁学等多个领域找到了广泛的应用途径。

稀土元素的原子因其独特的 4f 和 5d 电子组态——这些电子组态未完全填充且受到外界的有效屏蔽——而展现出丰富的电子能级结构和长寿命的激发态。具体而言，它们的能级跃迁通道数量庞大，超过 20 万种，而可观测的谱线也达到了约 30000 条之多。这些特性使得稀土元素能够辐射出涵盖紫外光、可见光直至红外光区的各种波长电磁辐射[1]。

稀土元素的发光特性源自其独特的电子结构，这一特性相对独立于外界环境。在晶体环境中，稀土离子的发光光谱主要呈现为锐线型光谱和带状光谱两种形式。锐线型光谱的产生源于稀土离子 $4f^n$ 组态内能级间的跃迁，即 f-f 跃迁。由于 4f 壳层受到外层 5s 和 5p 壳层的有效屏蔽，发光中心受基质晶格环境的影响相对较小。对于这类跃迁，发光调控通常依赖于特定 f-f 跃迁的离子（例如 Dy^{3+} 和 Eu^{3+}），这些离子的不同发射峰对晶体场配位环境的敏感程度各异，从而实现发光性质的调控。带状光谱则是由 $4f^n$ 组态能级间的跃迁引起的，即 f-d 跃迁。与 4f 轨道相比，5d 轨道的局域性较弱，且与晶格振动的耦合作用相对较强。因此，在这类跃迁中，发光中心受基质晶格环境的影响更为显著，提供了更多的调控可能性和灵活性。下面对稀土离子的基本性质做一下简单的介绍[1-6]。

1.1.2　稀土离子的能级

稀土元素的电子结构通常表示为：$1s^2 2s^2 2p^6 3s^2 3p^6 3d^{10} 4s^2 4p^6 4d^{10} 5s^2 5p^6 4f^n 5d^1 6s^2$。当稀土原子失去 $5d^1 6s^2$ 电子后，形成三价稀土离子，其电子排布变为 $1s^2 2s^2 2p^6 3s^2 3p^6 3d^{10} 4s^2 4p^6 4d^{10} 5s^2 5p^6 4f^n$，其中 4f 壳层未完全填满。考虑到 4f 电子间的库仑相互作用，这种电子排布包含多个不同能量的能级。在原子形成过程中，电子首先填充 $5s^2 5p^6$ 壳层，随后填充 $4f^n$ 壳层。当稀土原子转变为离子时，$4f^n$ 壳层会内缩至 $5s^2 5p^6$ 壳层内部，并受到后者的屏蔽作用。我们在可见光区或红外区观察到的发光现象，大多源自 $4f^n$ 组态内能级间的线状光谱跃迁。

稀土离子的 $4f^n$ 电子是很局域的，可以用准自由离子来描述其能级结构。稀土离子内部的各种相互作用是决定稀土离子 $4f^n$ 组态能级位置的主要因素。自由稀土离子的哈密顿量的数学表达式为：

$$H_{f_i} = H_0 + H_e + H_{so} \tag{1-1}$$

式中，H_0 为有心势近似下核外多电子体系的哈密顿量，即单电子哈密顿量之和；H_e 描述了电子之间的相互作用能；H_{so} 描述了电子自旋与轨道运动之间的相互作用能。离子存在一系列单电子态，在这一近似下，用电子组态来描述离子中所有电子的总状态。

对于三价稀土离子，由于满壳层电子的总电子分布具有球对称性，对电子间

库仑相互作用偏离有心势部分的贡献主要来自未填满的 4f 壳层电子。因此，只需考虑 4f 壳层电子的相互作用。这种相互作用导致 $4f^n$ 描述的能级劈裂为一系列具有不同能量的状态，每个状态可由总的轨道角动量量子数 L 和总自旋角动量量子数 S 来表征，即 LS 光谱项，通常表示为 $^{2S+1}L_J$。对于 $4f^n$（$3 < n < 11$）组态，具有相同 L 和 S 的状态可能多个存在，因此使用附加标记 γ 来区分。$4f^n$ 多电子体系的状态可用 $|\gamma LS\rangle$ 表示。

稀土离子的自旋 - 轨道相互作用较强，考虑每个电子的自旋 - 轨道相互作用可获得更精确的电子态描述。其哈密顿算符可表示为：

$$H_{so} = \sum_i \xi(\hat{r}_i)\hat{L}_t \cdot \hat{S}_t \tag{1-2}$$

式中，H_{so} 为所有 4f 电子自旋 - 轨道相互作用之和。在这一作用下，L 和 S 不再是状态的好量子数。但对于自由离子，自旋 - 轨道相互作用的哈密顿算符与 J 是对易的，角动量守恒，其量子数 J 和投影 M_J 是良好的量子数。本征态可表示为 $|LM_J\rangle$。若 H_{so} 的矩阵元远小于光谱项间的能量间隔，则 LS 不同的光谱项间混杂可忽略（即 Russell-Saunders 近似）。此时仍可用 L 和 S 作为状态标记，每个 LS 光谱项劈裂为由 J 表征的几个状态，称为 J 多重态，用 $^{2S+1}L_J$ 表示。在自由空间中，由 LSJ 描述的能级是 $2J+1$ 重简并的。但在许多实际情况中，不同 LS 光谱项距离较近，不再适合 Russell-Saunders 近似。此时，将具有相同量子数 J 但不同 L 和 S 的 Russell-Saunders 状态线性组合，得到中间耦合本征态：

$$|f^N\{\gamma nS_nL_n\}J\rangle n = \sum_{\gamma SL} c(\gamma SL)|f^N SLJ\rangle \tag{1-3}$$

系数通过矩阵对角化得到。通常用贡献最大的 Russell-Saunders 态 $|f^N SLJ\rangle$ 来标记中间耦合态。

当稀土离子被掺杂到晶体中时，周围基质离子的库仑势场对 $4f^n$ 电子有一定影响，但相较于中心场作用和自旋 - 轨道耦合相互作用而言较小，因此不会改变能级的基本情况，只是使每个 $^{2S+1}L_J$ 能级劈裂为若干 Stark 能级。图 1-1 展示了三价稀土离子在 $LaCl_3$ 晶体中的能级图，其中的能级用贡献最大的 Russell-Saunders（$^{2S+1}L_J$）标记。由于 $4f^n$ 组态电子被 $5s^2 5p^6$ 壳层屏蔽，即使处于晶体中也仅受微弱晶体场作用，外界晶体场对谱线位置影响较小，稀土离子的 $4f^n$ 能级在其他基质中也相差不大。

1.1.3 晶体场对稀土能级的影响

当稀土离子掺杂到晶体中时，由于受到晶体场的作用，电子态将有所变化，由原来的 $|i\rangle$ 变为：

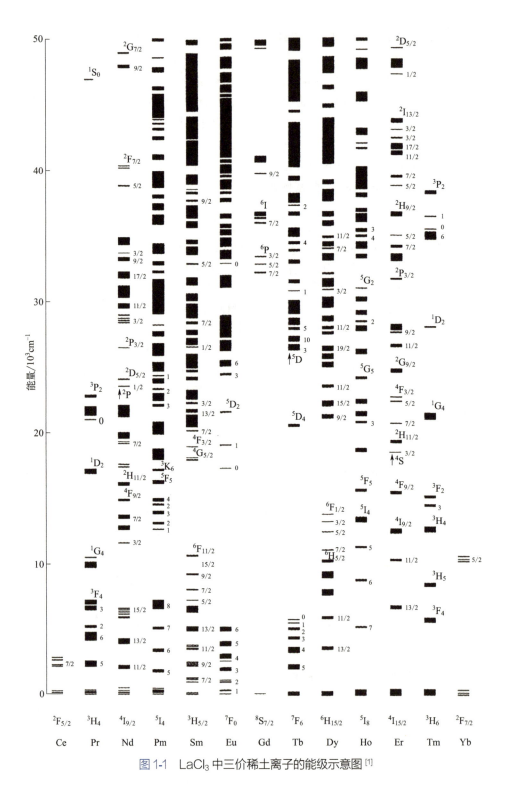

图 1-1　LaCl₃ 中三价稀土离子的能级示意图 [1]

$$|i'\rangle = |i\rangle + \sum \frac{\langle \beta | \widehat{H}_{\mathrm{CF}} | i \rangle}{E_i - E_\beta} | \beta \rangle \qquad (1\text{-}4)$$

式中，$\widehat{H}$ 是晶体场哈密顿量；求和部分是所有混杂到原来的状态 $|i\rangle$ 中的其他状态 $|\beta\rangle$。

对具有中心对称的晶场（偶宇称），相同宇称状态间的矩阵元不为零。因而混杂到原来状态 $|i\rangle$ 中的所有其他状态 $|\beta\rangle$ 都与 $|i\rangle$ 的宇称相同。虽然同一组态内的状态受到了微扰，但是宇称性质没有发生改变，因此它们之间的跃迁仍然是电偶极禁戒的。

如果稀土离子处于没有对称中心的晶体场中，晶体场 H_{CF} 被分解成奇宇称项与偶宇称项之和：

$$H_{\mathrm{CF}} = H_{\mathrm{CF}}^{\mathrm{odd}} + H_{\mathrm{CF}}^{\mathrm{even}} \qquad (1\text{-}5)$$

其中在宇称相反的状态间奇宇称项矩阵元不恒为零，受到晶体场作用的电子态就会含有相反宇称的组态状态，并混入 $4f^n$ 组态状态之中。根据量子力学的非简并微扰论，分母大的项对混杂的贡献小，混杂主要来自能量相近的组态的状态，例如 $4f^{n-1}5d$ 组态的状态。

晶体场对于稀土离子来说是很小的微扰，对其状态和能量的影响很小，所以对相应跃迁的谱线位置的影响不大，但是对跃迁概率有明显的影响（可能有明显提高）。这是由于奇宇称的微扰，使原来的组态状态混入了相反宇称的组态状态，虽然只是一小部分，但是相对于初始的电偶极禁戒的跃迁来说，它对于电偶极跃迁的贡献是相当可观的。在有微扰的情况下，受到晶体场作用的电子态间的跃迁矩阵元的零级项为零，一级修正项为：

$$\langle f' | \widehat{D} | i' \rangle = \sum_\beta \frac{\langle f | \widehat{H}_{\mathrm{CF}} | \beta \rangle \langle \beta | \widehat{D} | i \rangle}{E_f - E_\beta} + \sum_\beta \frac{\langle f | \widehat{D} | \beta \rangle \langle \beta | \widehat{H}_{\mathrm{CF}} | i \rangle}{E_i - E_\beta} \qquad (1\text{-}6)$$

因为只有宇称与初态 $|i\rangle$ 和末态 $|f\rangle$ 不同的 $|\beta\rangle$ 状态，$\langle \beta | \widehat{D} | i \rangle$ 和 $\langle f | \widehat{D} | \beta \rangle$ 才不为零，H_{CF} 中的奇宇称项在这样的 $|\beta\rangle$ 态与初末态间的矩阵元也不为零。因此跃迁矩阵元中相应的项不为零，跃迁变得是部分允许的了。

在可见光区或红外区所观察到的发光主要属于 $4f^n$ 组态内能级之间的线状光谱跃迁，除了 $4f^n$ 组态内的跃迁外，还经常观察到 $4f^n$ 组态和其他组态之间的跃迁，例如 $4f^n$ 到 $4f^{n-1}5d$ 组态间的跃迁。由于两个组态的宇称相反，因此相应的跃迁是电偶极允许的，跃迁速率较大，并且这时晶体场对跃迁速率的影响变得不再重要。由于 5d 电子是离子的外层电子，周围的环境对它有明显的影响，电子态和相关跃迁的光谱的位置受它所处的环境的影响比较大（包括周围离子的类型、排布和晶格振动）。这导致了在不同基质中稀土离子的光谱位置不同，而且呈现为较宽的谱带。

1.2 发光及发光材料

当物体受到光照射、外加电场或电子束轰击等形式的激发，且这种激发不会导致物体发生化学变化时，物体会倾向于恢复到原来的平衡状态。在恢复平衡的过程中，多余的能量会以光或热的形式释放。如果这些能量以可见光或近可见光的电磁波形式释放，我们称之为发光。简而言之，发光是物体在受到外界激发后，除热辐射外，还以光辐射的形式释放多余能量的过程，且这种释放过程具有一定的持续时间，远超过光的振动周期[7]。

发光现象的两个显著特点是：首先，任何物体在一定温度下都会发出热辐射，而发光是物体在吸收外界能量后，其总辐射中超出热辐射的部分；其次，当外界激发源停止作用后，发光现象仍会持续一段时间，这段时间被称为余辉。历史上，人们曾根据发光的持续时间将发光过程分为两类：物质在受激发时立即发出的光称为荧光，而激发停止后继续发出的光则称为磷光[2,8]。

发光现象可根据其激发机制的不同进行分类。具体而言，通过紫外光激发所产生的发光被归类为光致发光；利用携带一定能量的电子束激发所产生的发光，则被称为阴极射线发光；通过电激发方式产生的发光，则定义为电致发光。有关这些分类的详细信息，可参阅表1-1[7]。接下来，对几种典型的发光类型进行简要概述。

表1-1 按激发方式分类的发光类型

光致发光	指发光体在受到紫外、可见或红外光的照射下所产生的发光现象
电致发光	在电场或电流的作用下，固体物质发出的光称为电致发光
阴极射线发光	受高速电子束激发所产生的发光称为阴极射线发光
X 射线及高能粒子发光	在 X 射线、γ 射线、α 粒子、β 粒子等高能粒子的激发下，物质所发出的光称为 X 射线及高能粒子发光
热释发光	当发光体温度升高时，会存储一定的能量，这些能量随后以光的形式释放出来，这种现象称为热释发光
化学发光	在化学反应过程中，释放出来的能量会激发发光物质，从而产生发光现象，这被称为化学发光
生物发光	在生物体内，由于生命过程的变化，相应的生化反应会释放能量，这些能量激发发光物质所产生的光，被称为生物发光

1.2.1 光致发光

光致发光（photoluminescence）是一种物理现象，指的是利用紫外光、可见光或红外光等光源来激发发光材料，使其产生发光效应。这类能够响应光激发并发光的材料，被称为光致发光材料。光致发光的过程通常涵盖三个主要阶段：首先是光的吸收阶段，发光材料吸收光能后，其内部的电子从基态跃迁到激发态；其次是能量的传递阶段，激发态的电子或能量在材料内部进行传递；最后是光的发射阶段，当激发态的电子返回到基态时，会释放出光能，从而产生发光。这三个阶段中，光的吸收和发射均涉及电子在不同能级间的跃迁，且都经过激发态，而能量的传递则是通过激发态电子的运动或相互作用来实现的。

（1）光的吸收过程

当光线照射到发光材料表面时，部分光线会被反射或散射，而另一部分则会穿透材料。在这穿透的光线中，除了直接透过的部分，其余大部分会被材料吸收。这些被吸收的光能作为激发能量，可以直接被发光中心（如激活剂或杂质）捕获，也可以先被材料的基质吸收，再传递给激活剂。若激发能被基质晶格捕获，它会将能量传递给激活剂，使激活剂跃迁到激发态。激活剂同样可以直接吸收激发能量，跃迁至激发态。随后，处于激发态的激活剂在返回基态的过程中会发出荧光，并可能伴随部分能量以热能的形式释放，即发生非辐射跃迁。

如图 1-2 所示，存在两种情况：一是发光中心直接吸收能量跃迁至高能级的激发态（A*），然后通过辐射跃迁（R）回到低能级或基态，产生发光；二是基质吸收激发能量后形成电子-空穴对，这些电子-空穴对可能在晶体中移动并被束缚在发光中心上，电子和空穴的复合导致发光，但这一过程可能以非辐射形式（NR）返回基态。发光中心离子在基质能带中形成局域能级，位置因基质结构而异，导致不同的跃迁和发光特性。

（2）能量传递机制

当发光材料吸收激发光能量后，整个体系进入激发态。此时，激发态电子可以通过发光或非辐射跃迁回到基态。另一种可能的路径（图 1-3）是，激发能从激发中心 S* 传递给另一个中心 A。这种能量传递可以导致 A 发光（敏化作用），或者 S 通过非辐射跃迁回到基态，此时 S 被视为 A 发光的猝灭剂。若 S 和 A 为同一元素，则称为浓度猝灭。能量传递是发光过程中的常见现象，包括敏化发光、交叉弛豫和浓度猝灭等。发光中心之间的能量传递对材料的发光性能有显著影响，有时两个或多个发光中心距离足够近，产生强烈相互作用，表现出新的发光特性。基质材料在能量传递中也扮演重要角色，它吸收激发能后传递给激活离子，增强发光。

（3）光的发射原理

发光材料吸收激发能后，发光中心跃迁到激发态较高的振动能级；随后，通过非辐射跃迁到较低的激发态振动能级，将多余能量传递给周围离子（弛豫过程）；最后，从激发态的较低振动能级以光子形式发射能量，跃迁回基态，形成发光。同时，能量也可能以其他非光子形式释放，即非辐射过程。不同的发光中心具有不同的能级结构和跃迁性质，导致发射光谱的差异。

光致发光材料种类繁多，包括荧光灯用发光材料、发光二极管（LED）发光材料、等离子体平板显示（PDP）用发光材料、长余辉发光材料和上转换发光材料等。

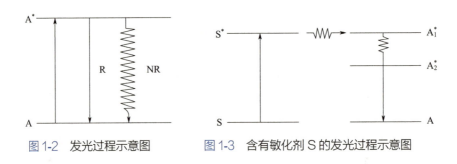

图1-2　发光过程示意图　　　　图1-3　含有敏化剂 S 的发光过程示意图

1.2.2　电致发光

在电场或电流的作用下，固体物质所展现的发光现象被称为电致发光（electroluminescence，EL），亦被称作场致发光。电致发光主要呈现为以下三种形态：结型电致发光、薄膜电致发光以及粉末电致发光。

1.2.3　阴极射线发光

阴极射线发光（cathodoluminescence）是由高速电子束轰击所引发的发光现象，这些电子的能量通常高达数千乃至数万电子伏特。与光致发光机制有所不同，当高速电子入射至发光材料内部时，它们不仅能够剥离原子中的电子，导致电离，还能赋予这些电子显著的动能，进而催生出大量的次级电子。这些次级电子在材料内部进一步引发激发过程，最终导致发光现象的产生。鉴于其独特的发光特性，阴极射线发光材料常被用作电子束管中的荧光粉，特别是在荧光屏的制造方面有着广泛的应用，其产量在荧光粉领域中仅次于用于照明设备的灯用荧光粉。

1.2.4　X 射线及高能粒子发光

X 射线、γ 射线、α 粒子以及 β 粒子等高能粒子所引发的发光现象，被统称为 X 射线及高能粒子发光（X-ray and high-energy particle luminescence）。当这些高能粒子撞击到发光材料时，它们会与材料内部的原子或分子发生相互作用，导致电离现象的发生。电离过程中释放出的电子会进一步激发并电离化周围的原子，产生一系列的次级电子。随着这些激发态和电离态逐渐趋向于平衡状态，系统会通过辐射光能的方式释放能量，从而产生发光现象。

1.2.5　热释发光

热释发光（thermoluminescence）是一种物理现象，指的是发光体在热源激发下，释放出先前捕获并存储的能量，以光的形式展现。在长余辉发光材料体系中，当材料受到激发光源的辐照时，其内部的电子会从基态跃迁到激发态。部分电子会迅速弛豫回基态，伴随即时发光；而另一部分电子则在跃迁后留下空穴，可能会被材料价带中的缺陷陷阱所捕获。这些陷阱依据深浅程度不同，对空穴的束缚能力有所差异。浅陷阱中的空穴在室温条件下即可较为容易地挣脱束缚，与电子复合并产生发光。相反，对于深陷阱，空穴的释放则需要借助外部热能，促使空穴跃出陷阱并与发光中心复合，进而产生热释发光。

发光材料是指能够在各类激发作用下产生发光效应的物质。自然界广泛存在着具有发光特性的物质，它们可以是固体、液体、气体形态，也可以是有机或无机化合物。就固体发光材料而言，其大致可以分为有机发光材料和无机发光材料两大类。在当前科技应用中，无机化合物是发光材料的主要形式，且多数以固体状态存在。尤为值得一提的是，稀土发光材料在无机发光材料的研究与应用领域中占据了举足轻重的地位。

1.3　稀土发光材料

稀土元素被用作发光材料的基质成分，或被用作激活剂、敏化剂、共激活剂，所制成的发光材料，一般统称为稀土发光材料或稀土荧光材料 [9, 10]。这类材料绝大部分是由基质、激活剂（和敏化剂）组成的。基质是发光材料的主体化合物，通常由具有一定晶体结构的稳定的晶体充当，基质材料既提供一个静止的晶体场，又提供一个附加变化的晶体场。激活剂和敏化剂的含量很少，在材料中能够部分地取代基质晶体中原格位上的离子，形成杂质缺陷。

稀土发光材料作为稀土功能材料中的佼佼者，在固体发光领域扮演着举足轻重的角色。其原子结构中的4f电子组态未完全填满，这一特性赋予了稀土元素丰富的电子能级和长寿命的激发态。当4f电子在不同能级间跃迁时，能够释放出覆盖紫外光、可见光乃至红外光区域的多种波长电磁辐射。人类很早就注意到了稀土离子在固体中的发光特性。早在1909年，Urbain就揭示了Eu^{3+}掺杂的Gd_2O_3具有出色的阴极射线发光和光致发光性能。到了20世纪30～40年代，Eu^{3+}、Sm^{3+}

和 Ce^{3+} 激活的碱金属硫化物也被用作红外磷光体材料。1942 年，Weissman 发现，当 Eu^{3+} 与某些有机配体形成螯合物时，在紫外光照射下能展现出极高的发光效率。然而，当时由于稀土元素的分离提纯技术尚不成熟，且成本高昂，难以获取高纯度的单一稀土氧化物。20 世纪 50 年代末，稀土分析提纯技术取得了突破性进展，随后 60 年代科学技术的迅猛发展，特别是激光技术的出现和对稀土材料的深入研究，极大地推动了稀土发光材料的发展。1964 年前后，高效稀土红色发光材料 YVO$_4$:Eu^{3+} 的成功研制，以及后来 Y$_2$O$_3$:Eu^{3+}、Y$_2$O$_2$S:Eu^{3+} 等红色发光材料在彩色电视机中的应用，使得彩色电视机的技术水平实现了显著提升；同时，Y(V, P)O$_4$:Eu^{3+} 用于高压汞灯，也改善了显色指数（CRI）。

我国拥有丰富的稀土资源，是世界上稀土资源最丰富的国家之一。发光材料在当今国民经济和国家安全的实际应用中发挥着至关重要的作用。目前，稀土发光材料的研究与开发已经涵盖了整个发光领域，并形成了相当规模的工业生产能力和市场，稀土发光材料已成为当前发光材料领域的主流。

稀土发光材料的显著优势如下 [7, 10]：

① 高效能量转换：具备强大的能量吸收能力，转换效率卓越。

② 高色纯度光谱：发射光谱带狭窄，色彩纯正鲜艳，展现出卓越的色纯度。

③ 广泛波长覆盖：波长范围宽广，涵盖紫外至红外光谱，尤其在可见光区域表现出强大的发射能力。

④ 长荧光寿命：荧光寿命跨越纳秒至毫秒的六个数量级，性能稳定。

⑤ 物理化学稳定性好：能够承受大功率电子束、高能射线和强紫外光的照射，物理化学性质稳定可靠。

凭借这些卓越特性，稀土发光材料在照明、显示、医学、军事及安全保卫等多个领域得到了广泛应用，形成了庞大的工业生产与消费市场。随着科技的进步，稀土发光材料正不断拓展至新兴领域，展现出巨大的发展潜力。在稀土化合物的光、电、磁三大功能中，发光功能尤为突出，因此，对稀土发光材料的研究具有深远的科学意义与实用价值，是新世纪化学化工领域的重要研究方向。

1.4 含氧酸盐稀土发光材料

当前，稀土发光材料的基质材料选择广泛，包括氟化物、硫化物、碘化物、氮化物以及含氧酸盐等。然而，硫化物、氮化物、氟化物和碘化物等荧光粉因化学稳定性欠佳、合成成本高昂、对人体具有毒性以及光电性能不理想等因素，其实际应用受到了限制。相比之下，含氧酸盐因其出色的化学和物理稳定性以及优良的光学性能，成为基质材料的理想选择。

含氧酸盐稀土发光材料是一类重要的发光材料，它们结合了稀土元素的独特发光性能和含氧酸盐基质的稳定性。含氧酸盐稀土发光材料是指稀土离子（如镧系元素的离子）作为激活剂或发光中心，嵌入含氧酸盐基质中形成的发光材料。这类材料通常具有稳定的晶体结构，能够为稀土离子提供一个良好的发光环境。

1.4.1 发光机理与性能特点

稀土掺杂含氧酸盐稀土发光材料的发光机理主要基于稀土离子的4f电子跃迁。发光过程涉及激活剂对激发光能量的吸收与传递。具体而言，激活剂首先吸收激发光的能量，从而跃迁至激发态。随后，在激活剂之间发生能量传递，使得更多激活剂离子进入受激发状态。当这些受激发的激活剂离子通过弛豫过程降至激发态的最低能级后，它们会再次跃迁回到基态，并在此过程中释放出较低能量的光子，即荧光粉的发光现象。从本质上看，荧光粉的发光是源于其受到激发源的激发作用。在此过程中，荧光粉原子核外层的某些电子会吸收外界光辐射的能量，从低能级跃迁至高能级，即从基态跃迁至激发态。而当这些电子自发地从激发态的最低能级跃迁回基态时，它们会释放出与所吸收能量不同的光，从而实现荧光粉的发光。这种发光过程通常具有高的发光效率和良好的色纯度。

含氧酸盐稀土发光材料通常具有如下特点：

① 高发光效率：稀土离子的4f电子跃迁产生的发光通常具有较高的效率，使得含氧酸盐稀土发光材料在发光强度方面表现出色。

② 良好的色纯度：由于稀土离子的发光谱带较窄，因此含氧酸盐稀土发光材料的色纯度高，色彩鲜艳。

③ 稳定性好：含氧酸盐基质通常具有较高的化学稳定性和热稳定性，使得这类材料在恶劣环境下仍能保持良好的发光性能。

④ 可调谐性：通过改变稀土离子的种类和浓度，可以调控含氧酸盐稀土发光材料的发光波长和颜色，满足不同的应用需求。

1.4.2 应用领域

含氧酸盐稀土发光材料在多个领域都有广泛的应用，包括但不限于：照明领域，用于制造LED灯、荧光灯等照明设备，具有节能、环保、长寿命等优点；显示领域，用于制造显示器、电视机等显示设备，能够提供高清晰度、高色彩饱和度的图像；生物医学，在生物标记、细胞成像等领域也有潜在的应用价值；探测领域，用于制造X射线探测器、闪烁体等探测设备，具有高的灵敏度和稳定性。下面重点介绍在白光发光二极管、LED植物生长灯、光学测温及防伪油墨领域的应用。

（1）白光发光二极管

自人类步入电力时代，照明技术经历了从白炽灯、荧光灯、卤素灯到发光二极管（LED）的显著演变。20 世纪 60 年代初，首个发出红光的砷化镓（GaAsP）LED 的问世，标志着一种潜力巨大、体积小巧、寿命长久且安全环保的新型照明技术进入了科学家们的视线，也开启了可见光 LED 的商业化征程[11]。随后的三十年间，科研界相继报道了红、橙、黄、绿等多种颜色的 LED[12]。1994 年，Nakamura 等人的一大突破——高功率 InGaN/GaN 亮蓝色 LED 的发明，为固态半导体照明技术领域带来了翻天覆地的变化，这一成就也让他们在 2014 年荣获了诺贝尔物理学奖[13]。在此基础上，1996 年，日本 Nichia 公司成功研制出白光 LED（WLED），进一步推动了 LED 技术的普及与发展。随着技术的持续进步与创新，白光 LED 如今已在照明领域占据举足轻重的地位，并得到了广泛应用[14]。在国家"十四五"重点研发计划中，以白光 LED 为基础的半导体照明与显示技术被列为重点支持项目，这对于促进国家经济繁荣和产业创新发展具有深远的战略意义[15]。

近年来，科技的迅猛进步与民众生活质量的提升，共同推动了照明材料与技术领域的快速发展。在此期间，一系列具有代表性的照明技术如传统荧光粉转换型 LED（pc-WLED）、三基色 LED、有机发光二极管（OLED）、量子点发光二极管（QLED）以及迷你型 LED（Mini-LED）等，均已实现了白光的有效发射。然而，在实际应用中，这些技术各自面临着不同的挑战。具体而言，三基色 LED 虽然色彩丰富，但因其 LED 芯片数量多、成本高、电路设计复杂且封装技术要求严格，限制了其在照明领域的广泛应用。同时，OLED、QLED 以及 Mini-LED 虽然具有独特的优势，如高分辨率、色彩饱和度高等，但它们的生产成本相对较高，且使用寿命往往不及传统 LED，这也使得它们在当前照明应用中面临一定的局限性[16-18]。相比之下，当前市场上主流的商业白光 LED 则采用了更为经济高效的设计方案，即将单个 LED 芯片与一种或多种下转换荧光粉（这些荧光粉多为含稀土或过渡金属锰离子激活的无机化合物）相结合。这种荧光转换型白光 LED 不仅发热量低、耗电量小，而且响应速度快、无频闪现象，使用寿命也相对较长，因此在照明领域展现出了广泛的应用前景[19]。综上所述，尽管各种新型照明技术不断涌现，但 pc-WLED 凭借其多方面的优势，仍是当前照明领域的优选方案。

图 1-4 展示了四种实现 pc-WLED 的方法。这些方法包括：使用紫外光 LED 芯片组合红、绿、蓝三色荧光粉；采用蓝光 LED 芯片组合红、绿色荧光粉；使用蓝光 LED 芯片组合黄、红色荧光粉；以及利用蓝光 LED 芯片组合黄色荧光粉。在所有这些方法中，最为成熟且广泛采用的是蓝光 LED 芯片激发 $Y_3Al_5O_{12}$:Ce^{3+} 黄色荧光粉［如图 1-4（c）所示］，这一方案当前在固态照明市场中占据主导地位。然而，这种白光 LED 存在一个显著的问题，即由于缺乏红光成分的发射，其相关色温（＞ 4000K）偏高，显色指数（＜ 80）偏低。这一问题限制了该类型 LED 在室

内照明和背光显示等领域的商业化应用。为了克服这一难题，最有效的解决方案是在蓝光LED芯片的基础上，添加与之匹配的红色荧光粉，从而生成更加接近自然光、更适合人眼视觉感受的白光。因此，红色荧光粉的研发工作显得尤为重要，具有深远的意义。紫外LED芯片＋红、绿、蓝三基色荧光粉这种方法通过精准调控三基色荧光粉的配比，可实现丰富的色彩变化，满足不同照明需求。同时，由于包含红、绿、蓝三原色，显色指数高，色彩还原能力强。但是技术难度较高，需精确控制荧光粉的配比和激发条件。此外，紫外LED芯片与三基色荧光粉的材料成本较为高昂，且部分激发能量可能会转化为热能，进而削弱光效。因此，除了前面提到的四种实现WLED的途径外，利用紫外LED芯片激发单一基质荧光粉来产生白光，不仅制备工艺简便、成本较低、颜色表现稳定，而且由于人眼对近紫外光不敏感，颜色主要由荧光粉决定，因此具有出色的色彩还原性。而且采用单一基质化合物可以减少能量损失，提升发光效率，避免多种基质化合物相互作用可能引发的颜色偏差，有助于提升显色性能。尽管这种方法具有诸多优点，但在技术成熟度、生产成本、发光效率、颜色持久性及材料选择等方面仍面临挑战。然而，随着科技的进步和研究的深化，这些问题有望逐步得到解决。

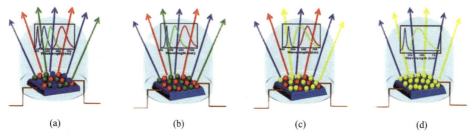

图1-4　四种实现pc-WLED的方法[20]：（a）紫外光LED芯片组合红、绿、蓝三色荧光粉；（b）蓝光LED芯片组合红、绿色荧光粉；（c）蓝光LED芯片组合黄、红色荧光粉；（d）蓝光LED芯片组合黄色荧光粉

（2）LED植物生长灯

太阳辐射由多种波长的光波构成，抵达地球表面的辐射主要分为紫外线、可见光和红外线三个部分。太阳光谱揭示了太阳辐射随波长变化的分布情况，其涵盖可见光与不可见光两大类。可见光部分，波长范围在400～760nm之间，当光线散射后，会呈现出红、橙、黄、绿、青、蓝、紫七种色彩，这些色彩的集合即形成我们所说的白光。不可见光则细分为两类：一类是波长超过760nm、最长可达5300nm的红外线，它位于红色光谱之外；另一类是波长在290～400nm之间的紫外线，它则位于紫色光谱之外。

如图1-5所示，可见光（波长400～760nm）部分在植物生长发育中扮演着至关重要的角色。在这一光谱范围内，不同波长的光对植物有不同的影响：

① 波长在 400～500nm 的蓝光能够被植物中的类胡萝卜素（如叶黄素和胡萝卜素）有效吸收。

② 叶绿素（a 和 b）作为典型的蓝光/红光受体，对 400～500nm 的蓝光和 600～700nm 的红光最为敏感，这两种光波对植物的光合作用至关重要。

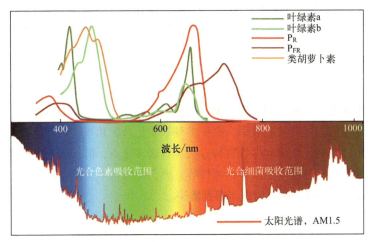

图 1-5 太阳光谱，叶绿素 a、b 和类胡萝卜素，光敏色素 P_R 和 P_{FR}[21]

③ 黄绿光（515～575nm）虽然在一定程度上能促进植物的光合作用，调节其生长发育，但过量时会抑制植物的生长。

④ 光敏色素是另一种对植物光合作用影响深远的色素，分为红光吸收型（P_R）和远红光吸收型（P_{FR}），它们分别在 660nm 和 730nm 附近吸收红光，并在吸收相应光后实现相互转换。P_R 和 P_{FR} 的相对比例对植物的开花结果及光周期调控起着决定性作用[22, 23]。

⑤ 此外，近红外光（780～1100nm）能被光合细菌吸收利用。这些细菌广泛分布于自然界的土壤、稻田、溪流和沼泽地等环境中，通过光合作用和新陈代谢产生氨基酸和核苷酸等有益物质[24]，对植物的根系生长具有显著的促进作用。

⑥ 紫外线（290～400nm）同样对植物的生长具有一定影响，其中蓝紫光对植物细胞的分化尤为关键，并影响植物的生长向光性。

总体而言，植物对太阳光谱的最大敏感区域位于 400～760nm 之间，特别是对红光光谱最为敏感，而对绿光则相对不敏感。这一光谱范围构成了光合作用的有效能量区域。因此，在利用人造光源补充光量时，应确保光源的光谱分布接近这一范围，以提高植物的生长效率和品质[25]。

LED 植物生长灯所使用的荧光粉主要可以分为三大类：发射蓝光、红光以及近红外光的荧光粉。植物在光合作用过程中主要吸收红光和蓝光区域的光谱。除此之外，近红外光的吸收对植物而言同样重要，因为它能促进植物根部对无机盐的有效吸收。进一步细分，红光区域又可以分为660nm处的标准红光和波长大于680nm的深红光。在选择适用于LED植物生长灯的荧光粉时，不仅要确保荧光粉的发射光谱与植物的光吸收光谱相匹配，还需考虑荧光粉是否能被紫外线或蓝光LED芯片有效激发。同时，荧光粉的化学和物理稳定性也是关键因素，必须保证其在长期使用过程中性能稳定。只有满足这些条件的荧光粉，才有可能成为优质的LED植物生长灯用荧光粉。

（3）光学测温

鉴于荧光温度计具有无接触测温、宽测温范围、快速响应及高精度等诸多显著优势，稀土离子掺杂的荧光温度计技术已成为当前研究的焦点。该技术的核心在于稀土离子独特的光学特性，这些特性主要包括半高宽、发射峰荧光强度比（FIR）、峰位移动以及荧光衰减寿命等关键指标[26]。其中，FIR因具备自校准功能、强抗干扰能力和高精度，在温度测量中表现尤为突出，成为荧光测温技术中最受关注的参数，也是当前研究的重点。这些特性使得稀土离子掺杂的荧光温度计在温度监测领域具有广阔的应用前景。

FIR测温技术是一种基于稀土离子中两个不同荧光发射峰的强度比值与温度之间建立关系的方法。该技术利用稀土离子中的热耦合能级（TCELs）对应的荧光发射峰来实现温度的精确测量。具体而言，通过监测某些稀土离子（如Er^{3+}的$^2H_{11/2}$和$^4S_{3/2}$能级跃迁，或Tm^{3+}的$^1G_4$和$^5F_5$能级跃迁）产生的荧光强度比，可以间接推算出温度T。这种荧光强度比与温度之间的关系通常遵循玻尔兹曼分布规律[27-29]。

$$\text{FIR} = \frac{I_H}{I_S} = \frac{N_H \omega_H A_H}{N_S \omega_S A_S} = \frac{g_H \omega_H A_H}{g_S \omega_S A_S} e^{-\frac{\Delta E}{k_B T}} = B e^{-\frac{\Delta E}{k_B T}} \tag{1-7}$$

式中，I_H为$^2H_{11/2}$（记为H）能级的积分发光强度；I_S为$^4S_{3/2}$（记为S）能级的积分发光强度。此外，该技术的相关参数还包括离子数N、频率ω、衰减率g、玻尔兹曼常数k_B、热力学温度T、自发发射跃迁率A，以及TCELs之间的能隙值ΔE（$^2H_{11/2}$与$^4S_{3/2}$之间的有效能级差）。预指数参数B定义为$B=(g_H \omega_H A_H)/(g_S \omega_S A_S)$，在特定温度范围内，FIR值变化越显著，测温性能就越好。

光学测温的性能优劣，灵敏度是一个直接的衡量标准。相对灵敏度S_r，它衡量的是温度每变化1K时，荧光强度相对于初始值的百分比变动情况。而绝对灵敏度S_a，则更直观地揭示了温度变化过程中荧光强度比的实际增减幅度。借助公式（1-8）和式（1-9）来精确计算这两种灵敏度——绝对灵敏度（S_a）和相对灵敏度（S_r）[22, 23]。

$$S_a = \left| \frac{\partial \mathrm{FIR}}{\partial T} \right| \times 100\% = \mathrm{FIR} \times \frac{\Delta E}{k_B T^2} \times 100\% \qquad (1\text{-}8)$$

$$S_r = \left| \frac{1}{\mathrm{FIR}} \frac{\partial \mathrm{FIR}}{\partial T} \right| \times 100\% = \frac{\Delta E}{k_B T^2} \times 100\% \qquad (1\text{-}9)$$

（4）防伪油墨

假冒手段的不断升级给人们的日常生活和财产安全带来了重大威胁。全球统计数据显示，假冒涉案金额已超过 5000 亿美元，并且这一数字还在逐年攀升[30,31]。因此，我们迫切需要采取有效措施来抵制这些假冒物品。传统上，人们常通过商品二维码、数字水印及全息水印等手段来区分正版与假冒产品。然而，这些技术因制造成本高、易于仿制以及防伪模式有限等缺陷，往往被不法分子轻易攻破并大量复制，从而无法实现长期有效的防伪效果。

鉴于我国稀土资源丰富，且政府高度重视稀土产业的发展，稀土掺杂材料得以广泛研发和应用。稀土离子凭借其独特的光学特性，如长余辉、光致变色、热致变色及应力发光等，已成为一类重要的防伪材料[30,32-34]。此外，部分稀土掺杂材料还具备出色的水溶性和油溶性，能够轻松溶解于溶液中，便于个人进行便捷化的防伪操作。这种防伪方式无须依赖互联网或大型光学仪器监测，大大提升了防伪的灵活性和安全性，使得仿造难度显著增加[35-37]。综上所述，稀土掺杂材料在防伪领域具有广阔的应用前景，其独特的性能和便捷的操作方式使其成为打击假冒产品、保护消费者权益的有力武器。

参考文献

[1] 张思远. 稀土离子的光谱学：光谱性质和光谱理论 [M]. 北京：科学出版社，2008.

[2] 徐叙瑢，苏勉曾. 发光学与发光材料 [M]. 北京：化学工业出版社材料科学与工程出版中心，2004.

[3] 方容川. 固体光谱学 [M]. 合肥：中国科学技术大学出版社，2003.

[4] 夏上达. 群论与光谱 [M]. 北京：科学出版社，1994.

[5] 徐克尊. 近代物理学 [M]. 合肥：中国科学技术大学出版社，2008.

[6] 李建宇. 稀土荧光材料及其应用 [M]. 北京：化学工业出版社，2003.

[7] 洪广言. 稀土发光材料——基础与应用 [M]. 北京：科学出版社，2011.

[8] 刘光华. 稀土材料学 [M]. 北京：化学工业出版社，2007.

[9] 白木子荫. 稀土荧光材料的发光原理与应用 [J]. 灯与照明，2002，26(6)：48-51.

[10] 张希艳，卢利平，柏朝辉，等. 稀土发光材料 [M]. 北京：国防工业出版社，2005.

[11] Chen J W, Xiang H Y, Wang J, et al. Perovskite white light emitting diodes: progress, challenges, and opportunities[J]. ACS Nano, 2021, 15 (11): 17150-17174.

[12] Groves W O, Herzog A H, Craford M G. The effect of nitrogen doping on GaAs$_{1-x}$P$_x$ electroluminescent diodes[J]. Applied Physics Letters, 1971, 19 (6): 184-186.

[13] Nakamura S. Biography of nobel laureate shuji Nakamura[J]. Annalen der Physik, 2015, 527 (5-6): 350-357.

[14] Chen Y S，Chen B Y. Utilizing patent analysis to explore the cooperative competition relationship of the two LED companies：Nichia and Osram[J]. Technological Forecasting & Social Change，2011，78（2）：294-302.

[15] 张博.我国照明行业技术标准发展规划与展望 [J].照明工程学报，2022，33（2）：9-13.

[16] Pode R. Organic light emitting diode devices：an energy efficient solid state lighting for applications[J]. Renewable and Sustainable Energy Reviews，2020，133：110043.

[17] Islas-Rodriguez N，Muñoz R，Rodriguez J A，et al. Integration of ternary I-III-IV quantum dots in light-emitting diodes[J]. Frontiers in Chemistry，2023，11：1106778.

[18] Behrman K，Kymissis I. Micro light-emitting diodes[J]. Nature Electronics，2022，5（9）：564-573.

[19] Zhang Z W，Yang N，Li Z，et al. A multi-centre activated single-phase white light phosphor with high efficiency for near-UV based WLEDs[J]. Inorganic Chemistry Frontiers，2023，10（14）：4230-4240.

[20] Shao B Q，Huo J S，You H P. Prevailing strategies to tune emission color of lanthanide-activated phosphors for WLED applications[J]. Advanced Optical Materials，2019，7（13）：1900319.

[21] 向进猛.LED 植物生长灯用蓝、红及近红外荧光粉的研究 [D].西安：西北大学，2022.

[22] Bantis F，Ouzounis T，Radoglou K. Artificial LED lighting enhances growth characteristics and total phenolic content of *Ocimum basilicum*，but variably affects transplant success[J]. Scientia Horticulturae，2016，198（26）：277-283.

[23] Nakajima T，Tsuchiya T. Plant habitat-conscious white light emission of whitlockite-like phosphates：reduced photosynthesis and inhibition of bloom impediment[J]. ACS Applied Materials & Interfaces，2015，7（38）：21398-21407.

[24] 周紫薇.LED 植物生长灯用单一基质单色 / 双色 / 三色发光材料研究 [D].西安：西北大学，2018.

[25] 郑兴克.LED 植物生长灯用红色荧光粉的研究 [D].吉林：吉林建筑大学，2023.

[26] Qiu X，Zhou Q，Zhu X，et al. Ratiometric upconversion nanothermometry with dual emission at the same wavelength decoded via a time-resolved technique[J]. Nature Communications，2020，11（1）：4.

[27] Jahanbazi F，Mao Y. Recent advances on metal oxide-based luminescence thermometry[J]. Journal of Materials Chemistry C，2021，9（46）：16410-16439.

[28] Dramićanin M D. Trends in luminescence thermometry[J]. Journal of Applied Physics，2020，128（4）：040902.

[29] Cheng Y，Gao Y，Lin H，et al. Strategy design for ratiometric luminescence thermometry：circumventing the limitation of thermally coupled levels[J]. Journal of Materials Chemistry C，2018，6（28）：7462-7478.

[30] Pei P，Wei R，Wang B，et al. An advanced tunable multimodal luminescent $La_4GeO_8:Eu^{2+}$, Er^{3+} phosphor for multicolor anticounterfeiting[J]. Advanced Functional Materials，2021，31（31）：2102479.

[31] Ren W，Lin G，Clarke C，et al. Optical nanomaterials and enabling technologies for high-security-level anticounterfeiting[J]. Advanced Materials，2020，32（18）：1901430.

[32] Zhang P，Zheng Z，Wu L，et al. Self-reduction-related defects，long afterglow，and mechano-luminescence in centrosymmetric $Li_2ZnGeO_4:Mn^{2+}$[J]. Inorganic Chemistry，2021，60（23）：18432-18441.

[33] Zhang J，Pan C，Zhu Y，et al. Achieving thermo-mechano-opto-responsive bitemporal colorful luminescence via multiplexing of dual lanthanides in piezoelectric particles and its multidimensional anticounterfeiting[J]. Advanced Materials，2018，30（49）：1804644.

[34] Zhang J，Gao N，Li L，et al. Discovering and dissecting mechanically excited luminescence of Mn^{2+}

activators via matrix microstructure evolution[J]. Advanced Functional Materials, 2021, 31 (19): 2100221.

[35] Kanika, Kedawat G, Singh S, et al. A novel approach to design luminomagnetic pigment formulated security ink for manifold protection to bank cheques against counterfeiting[J]. Advanced Materials Technologies, 2021, 6 (2): 2000973.

[36] Ge P, Chen S, Tian Y, et al. Upconverted persistent luminescent $Zn_3Ga_2SnO_8$:Cr^{3+}, Yb^{3+}, Er^{3+} phosphor for composite anti-counterfeiting ink[J]. Applied Optics, 2022, 61 (19): 5681-5685.

[37] Wang J, Ma J, Zhang J, et al. Advanced dynamic photoluminescent material for dynamic anticounterfeiting and encryption[J]. ACS Applied Materials & Interfaces, 2019, 11 (39): 35871-35878.

第 2 章

含氧酸盐稀土荧光粉的制备

　　荧光材料的发光源自激活离子在晶体场中的能级跃迁，这一过程深受外界晶体环境的影响。因此，材料的发光性能不仅由化学组成决定，还与其制备方法密切相关。当前，合成稀土发光材料的方法多种多样，主要包括高温固相反应法、溶胶 - 凝胶法、水热法以及燃烧法等。接下来，我们将简要介绍稀土掺杂稀土发光材料常见的几种制备方法。

2.1　高温固相反应法

　　高温固相反应法，作为目前制备稀土发光材料的主流技术，凭借其独特的优势在材料科学领域占据了一席之地。该方法的核心在于利用固体界面间的接触反应，在高温条件下促使原料经历成核、晶体生长等阶段，最终生成具有优异发光性能的稀土发光材料。

　　高温固相反应法制备稀土发光材料，其基本原理基于固体原料在高温条件下的界面化学反应。这一过程通常涵盖三个核心阶段：首先是原子或离子在固体界面或内部的相互扩散，它们跨越界面进行迁移；其次是这些迁移的原子或离子在界面上发生原子尺度的化学反应；最后是新相的成核与生长，通过产物的扩散与新相的逐渐长大，反应得以完成。在这一固相反应中，成核与扩散速率扮演着至关重要的角色，它们共同决定了固相反应的动力学特性。若产物与反应物的晶体结构相似，成核过程将相对更为顺畅。而扩散过程则受到固相内部缺陷、形貌特征（如粒度大小、空隙度、内表面积等）、晶体结构及其扩散系数等多重因素的影响。此外，一些特定的添加剂也能对固相反应的速率产生显著影响。值得注意的是，在高温固相反应过程中，反应气氛同样起着不可忽视的作用。不同的气氛条件可能导致生成截然不同的产物。同时，原料的晶体结构、能量状态、缺陷分布以及形貌特征等因素，也会对反应进程和产物特性产生深远的影响。为了有效地调控产物的晶体结构和发光性能，需要精确控制反应条件，包括温度、时间、压力以及原料的预处理方式（如研磨、预烧等）。这些条件的优化调整，将直接影响最终产物的质量和性能。这些反应可能形成复合氧化物、含氧酸盐类或陶瓷化合物等多种类型的产物。高温固相反应法制备稀土发光材料通常包括以下几个关键步骤：

① 配料：根据目标产物的化学式，精确称取所需的稀土元素化合物（如稀土氧化物、硝酸盐等）、基质材料、激活剂以及其他助剂。这些原料的选择和配比对产物的发光性能至关重要。

② 混合：将原料进行充分混合，以确保各组分在反应过程中能够均匀分布。这一步骤通常通过研磨或球磨等方式进行，以提高原料之间的接触面积和反应速率。

③ 煅烧：将混合均匀的原料置于高温炉中，在预定的温度和气氛下进行灼烧。煅烧过程中，原料之间会发生化学反应，生成具有发光性能的稀土发光材料。煅烧温度、时间和气氛等条件对产物的晶体结构和发光性能具有重要影响。

④ 研磨与后处理：灼烧结束后，将产物从高温炉中取出，并进行研磨处理以破碎成细小的颗粒。然而，研磨过程中可能会导致部分晶体的破坏和发光性能的降低，因此需要谨慎操作。此外，还可以进行洗涤、干燥等后处理步骤以去除杂质和未反应的原料。

这一简易的工艺流程为稀土发光材料的制备提供了有效途径。其简易的工艺流程图如图 2-1 所示。

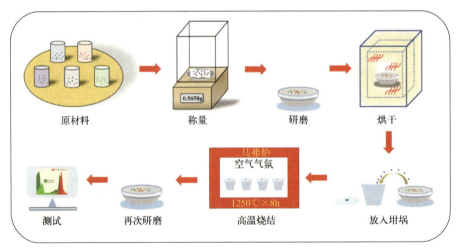

图 2-1　高温固相反应法合成稀土发光材料工艺流程图[1]

高温固相反应法制备稀土发光材料的优点主要体现在以下几个方面：该方法经过长时间的发展和完善，工艺相对成熟稳定，易于操作和控制；原料来源广泛且易于获取，制备成本相对较低，有利于大规模工业化生产；通过精确控制反应条件，可以获得晶体质量优良、表面缺陷少的稀土发光材料。

然而，该方法也存在一些不足之处：需要在高温下进行灼烧反应，能耗相对较高，对设备的要求也较高；灼烧后的产物粒径分布可能不均匀，需要进一步研磨处理以获得更均匀的粒径分布；研磨过程中可能会破坏部分晶体结构，导致发光性能下降。尽管这种传统的制备工艺存在能耗较高、效率偏低、粉体粒度不够细腻以及易混入杂质等固有缺陷，但由于其制备的粉体在颗粒填充性、成本效益、生产规模以及工艺简便性等方面具有显著优势，因此，至今仍是稀土发光材料制备领域最为广泛采用的方法。当前，众多科研工作者依然倾向于采用高温固相反应法来制备并探索新型稀土发光材料，这充分证明了该方法在稀土发光材料研究领域的重要地位。

高温固相反应法制备的稀土发光材料在多个领域具有广泛的应用前景。在照明领域，稀土发光材料可以作为 LED 的发光体和磷粉，提高 LED 的发光效率和色彩还原性能；在显示领域，它们可以作为荧光粉用于制作彩色显示器件；在生物医学领域，稀土发光材料可以作为荧光探针用于细胞成像、分子诊断和药物筛选等方面的研究；此外，在传感器领域也有广泛的应用潜力。

综上所述，高温固相反应法是一种制备稀土发光材料的有效方法。虽然存在一些缺点和不足，但通过不断优化制备工艺和条件，可以进一步提高产物的质量和性能。随着材料科学和技术的不断发展进步，相信高温固相反应法在稀土发光材料的制备领域将发挥更加重要的作用。

2.2 溶胶-凝胶法

溶胶-凝胶法是一种通过特定化学反应制备材料的技术。具体而言，该方法首先将金属醇盐或无机盐溶解于水或有机溶剂中，随后在适当的条件下引发水解、醇解或螯合反应，形成溶胶。溶胶在陈化过程中，胶粒间逐渐发生聚合，进而形成三维网络结构的凝胶[2]。最后，经过干燥和热处理等步骤，凝胶转化为所需的稀土发光材料。溶胶-凝胶法制备稀土发光材料的详细步骤如下：

① 精确配料与溶解：根据目标稀土发光材料的化学组成，精确称量稀土元素化合物（如稀土氧化物、稀土盐等）和其他基质成分，并将其溶解于适当的溶剂中，以确保反应物充分混合。

② 溶胶的形成：在配料溶解后，通过调节溶液的 pH 值、温度等反应条件，促使溶质发生水解、醇解或螯合反应，形成稳定的溶胶体系。此过程需严格控制反

应条件，以确保溶胶的均匀性和稳定性。

③ 凝胶化过程：溶胶在陈化过程中胶粒间逐渐发生聚合，形成三维网络结构的凝胶。凝胶的形成是溶胶-凝胶法制备过程的一个重要阶段，其结构将直接影响最终产品的性能。

④ 干燥处理：将形成的凝胶进行干燥处理，以去除其中的溶剂和水分。此过程需控制温度和湿度，以避免凝胶破裂和结构破坏，确保凝胶的完整性和稳定性。

⑤ 热处理步骤：干燥后的凝胶需进行热处理，以进一步去除有机物和杂质，同时促进稀土离子的扩散和均匀分布。热处理温度和时间的选择需根据目标材料的性能和结构来确定，以确保最终产品的质量和性能。

溶胶-凝胶法制备稀土发光材料与传统的高温固相反应法相比，其制备温度较低，有利于节约能源和降低生产成本；具有较高的纯度，因为反应过程中可以严格控制原料的组成和反应条件，减少杂质的引入；具有较小的粒径和均匀的粒度分布，这有利于改善材料的发光性能和稳定性，提高发光效率和色纯度；便于实现稀土离子的定量掺杂，提高其有效掺杂浓度，从而进一步提高材料的发光性能；制备过程相对灵活，可以通过调整反应条件和原料组成来制备具有不同发光性能和结构的稀土发光材料。

但也存在一些缺点。比如：原料成本较高、制备过程复杂、反应周期长不利于快速生产、易引入杂质、干燥和热处理过程中易产生裂纹及对环境和健康的影响等。因此在实际应用中，需要根据具体需求和条件综合考虑其优缺点，以选择最合适的制备方法和工艺参数。

2.3 水热法

水热法通过创建高温高压的水溶液环境，极大地提升了反应物的活性，从而加速化学反应的速率。在此过程中，水不仅作为溶剂和反应物参与反应，还起到了矿化剂和压力传递介质的关键作用。通过精细调控反应的温度、压力、持续时间、溶液成分及 pH 值等参数，可以精确控制产物的性能，以满足不同应用需求。水热法制备稀土发光材料的详细步骤如下：

① 配料与溶解：根据目标稀土发光材料的化学组成，精确计量所需的稀土元素化合物（如稀土氧化物、稀土盐等）及其他基质成分，并将其溶解于适宜的溶剂中。

② 溶液调节：通过添加适量的沉淀剂或调节剂，精确调整溶液中的金属离子浓度和 pH 值，为后续共沉淀或晶化反应奠定良好基础。

③ 水热反应：将调节后的溶液置于高压反应釜中，在高温高压条件下进行水

热反应。此过程中，金属离子与溶剂中的其他成分发生化学反应，生成稀土发光材料的前体或晶核。

④ 分离与洗涤：反应结束后，从反应釜中取出产物，并进行分离和洗涤操作，以彻底去除附着在产物表面的杂质和未反应的原料。

⑤ 干燥与热处理：对洗涤后的产物进行干燥处理，去除残留水分。随后进行热处理，包括煅烧和还原等步骤，以进一步去除有机物、提高材料的结晶度和发光性能。

水热法制备的稀土发光材料具有粒径小、结晶度高、分散性好等特点，在发光效率、色彩纯度等方面表现出色；相较于高温固相合成方法，水热法的反应温度较低，对设备要求也相对较低，有助于降低生产成本；通过调整反应条件，可以精确控制产物的性能，满足不同领域对稀土发光材料性能的多样化需求；水热法在密封容器中进行反应，有效避免了有毒物质的直接排放，降低了环境污染。

但是，水热法的反应过程通常需要较长时间，这在一定程度上影响了生产效率；在某些情况下，水热法的目标产物产率可能较低，需要进一步优化反应条件或采用辅助手段来提高产率；虽然水热法对设备的要求相对较低，但为了实现高温高压的反应条件，仍需投入一定的设备成本。

综上所述，水热法作为一种制备稀土发光材料的有效方法，具有诸多优势。尽管存在反应时间长、目标产物产率低及设备投资大等局限性，但随着制备技术的不断进步和完善，水热法在稀土发光材料制备领域的应用前景将更加广阔。

2.4 燃烧法

燃烧法，一种利用化学反应自身放热特性制备材料的新颖技术，也被称为"自蔓延高温合成法"（self-propagating high-temperature synthesis, SHS）。燃烧法基于硝酸盐等反应物在水溶液中的溶解，通过加入尿素等助燃剂，在加热条件下引发化学反应，释放大量热量维持反应所需的高温环境，直至反应完全。此过程中，当反应物达到放热反应的点火温度时，点燃溶液，随后反应由自身放热维持，最终生成所需的稀土发光材料。此外，通过后续的二次烧结过程，可以进一步提升材料的纯度和发光性能。燃烧法的详细制备步骤如下：

① 配料与溶解：精确称取稀土硝酸盐及其他基质成分，溶解于适量溶剂中，同时加入助燃剂以促进反应。

② 溶液制备：充分搅拌溶液，确保各组分均匀混合，为后续的燃烧反应提供游离的稀土离子和基质离子。

③ 燃烧反应：将溶液置于坩埚等容器中，置于高温炉中加热。当达到引发温

度时，点燃溶液，反应由自身放热维持，生成稀土发光材料的前体或晶核。

④ 后处理：反应结束后，取出产物，进行分离、洗涤和干燥等处理，去除杂质和未反应原料，获得纯净的稀土发光材料。

⑤ 燃烧法具有较快的反应速度，能在短时间内获得大量产物；反应过程中释放的高热量能迅速将反应物转化为产物，减少杂质生成；所需设备相对简单，易于操作和维护，有利于工业化生产；燃烧法利用化学反应放热制备材料，无须额外能源输入，具有较低的能耗和环境污染。

但是燃烧法制备的稀土发光材料粒径可能分布不均，影响发光性能和稳定性；燃烧反应对温度、压力、助燃剂种类等反应条件敏感，需严格控制以获得理想产物；尽管燃烧法相较于其他方法环境污染较低，但在某些情况下，燃烧过程中产生的气体和粉尘仍可能对环境造成一定影响。

参考文献

[1] 郑兴克 . LED 植物生长灯用红色荧光粉的研究 [D]. 吉林：吉林建筑大学，2023.
[2] 胡建 . Mn^{4+} 掺杂 $Ca_2In(Ta/Nb)O_6$ 红色 - 近红外发光材料的制备与性能调控 [D]. 贵阳：贵州大学，2024.

第3章

含氧酸盐稀土荧光粉的性能表征

3.1 结构与形貌

这一章主要描述稀土掺杂含氧酸盐荧光粉的结构和形貌特征。通过 X 射线粉末衍射、扫描电子显微镜、能量色散 X 射线光谱分析等手段，可以对荧光粉的晶体结构、晶相组成、粒径大小、形貌特征等进行表征。例如，可以观察到荧光粉是否呈现单相晶体结构，粒径是否均匀，以及形貌是否规则等。

3.1.1 晶体结构

（1）X 射线衍射

在探索物质微观世界的众多技术手段中，X 射线衍射（X-ray diffraction，XRD）分析无疑是研究物质晶体结构的关键方法之一。该技术凭借其操作简便、测试精确的特点，在材料科学、化学、地质学等众多领域发挥着不可替代的作用。特别是在确定材料的晶相类型（如非晶、多晶、单晶）及晶相成分方面，XRD 技术展现出了卓越的性能。

X 射线衍射分析的基本原理在于，当 X 射线以不同的角度穿透晶体物质时，会与晶体内部的原子发生相互作用，导致 X 射线的方向发生规律性变化，即发生衍射现象。这些衍射后的 X 射线携带了晶体内部结构的重要信息，如化学组成、晶格类型、晶面指数及强度分布等。通过精密的仪器设备和专业的分析方法，可以准确地检测这些衍射 X 射线的方向和强度，进而揭示出晶体的内部结构特征。

在本书相关的研究中，采用日本理学公司生产的 Max-RA 型 X 射线衍射仪作为实验设备。该仪器以 Cu 靶 Kα 辐射为光源，具有高性能、高稳定性和高精度的特点，能够满足对稀土掺杂含氧酸盐荧光粉进行系统 XRD 分析的需求。在实验过程中，将扫描步长设定为 0.02°，以确保获得足够精细的衍射图谱。通过对实验数据的仔细分析和处理，成功地将荧光粉的衍射图谱与标准卡片进行了对比。这一过程中，不仅确定了荧光粉的晶相组成，还初步判断了其是否为单相晶体结构。这些信息的获取为进一步理解荧光粉的晶体结构、优化其性能以及开发新型荧光材料提供了重要的科学依据。

（2）GSAS

通用结构分析系统（GSAS）是一款由美国洛斯阿拉莫斯国家实验室的 Allen C. Larson 与 Robert B. Von Dreele 共同研发的晶体结构精修软件，它在材料科学及相关领域具有举足轻重的地位。GSAS 以其强大的功能和广泛的适用性，成为处理 X 射线、中子衍射及电子衍射实验数据的得力助手，无论是粉末衍射数据还是单晶衍射数据，甚至是中子衍射数据，GSAS 都能游刃有余地应对。

GSAS 软件的核心优势在于其丰富的精修模型选项。用户可以根据具体的研究需求，自由选择和调整原子位置、热振动参数、背景校正、晶格参数以及相含量比例等关键参数，从而实现对晶体结构的精确解析。这种灵活性使得 GSAS 能够应对各种复杂的晶体结构问题，为用户提供量身定制的解决方案。

除了强大的精修功能外，GSAS 还采用了模块化的设计理念。这种设计使得 GSAS 能够轻松接纳新的衍射数据类型和精修算法，从而保持其与时俱进的技术优势。随着科学技术的不断进步，GSAS 也在不断更新和完善，以适应新的研究需求和技术挑战。

在晶体结构精修过程中，GSAS 不仅能够绘制出精确的衍射图谱，还能够准确计算衍射峰的位置和强度。更重要的是，GSAS 还能够实现精修后晶体结构的直观可视化，使用户能够清晰地看到晶体结构的空间分布和原子排列方式。这种直观性极大地提高了晶体结构研究的效率和准确性。

正是得益于这些优势，GSAS 在材料科学、地球科学、化学及生物学等多个领域得到了广泛应用。在本书相关的研究中，我们充分利用了 GSAS 软件的 Rietveld 精修技术，从粉末衍射数据中精确提取了荧光粉的晶体结构信息。这些信息包括原子的三维坐标、晶格参数以及占位分数等关键数据，为我们深入理解荧光粉的晶体结构提供了重要依据。通过 GSAS 的帮助，我们得以更加深入地探索荧光粉的微观世界，为其在光学、电子学等领域的应用奠定了坚实基础。

3.1.2 微观形貌

扫描电子显微镜（scanning electron microscope，SEM）作为一种高分辨率的微观成像技术，其工作原理基于电子与物质间的复杂相互作用。SEM 利用经过精密聚焦的电子束作为照明源，这些电子束的束斑直径可小至几纳米，确保在样品表面形成极小的扫描区域。在扫描过程中，电子束沿着 x 和 y 方向逐点移动，对样品进行细致入微的探测。

当高能量的电子束轰击样品表面时，会与样品内部的原子和分子发生相互作用。这一过程中，电子可能发生弹性或非弹性散射，从而激发出多种可测信号。这些信号包括但不限于二次电子、背反射电子、俄歇电子、特征 X 射线和连续 X 射线、阴极射线、吸收电子以及透射电子等。同时，相互作用还可能引发电子 - 空穴对的产生、晶格振动（声子）以及电子振荡（等离子体）等现象。

SEM 通过配备不同的检测器，能够选择性地捕捉上述各种信号，进而揭示样品表面的多种性质。例如，二次电子和背反射电子常被用于揭示样品的形貌特征，而特征 X 射线则可用于分析样品的元素组成和化学状态。此外，通过测量电子束与样品相互作用产生的其他信号，还可以获取关于样品的晶体结构、电子结构、内部电场或磁场等更丰富的信息。在本研究中，我们采用了美国 FEI 公司生产的 HITACHI SU8100 系列扫描电镜对所有样品进行了 SEM 分析。这款设备以其卓越的分辨率和稳定性，为我们奠定了高质量的微观图像和准确的元素分析数据，为后续的研究奠定了坚实的基础。

3.1.3　元素和价态

（1）能量色散 X 射线光谱仪

能量色散 X 射线光谱分析（energy-dispersive X-ray spectrometry，EDS 或 EDX）是一种广泛应用于材料科学研究的表面化学成分分析技术。该技术通常与扫描电子显微镜（SEM）或透射电子显微镜（TEM）联用，为研究者提供了在微观尺度上解析材料元素组成的强大工具。

EDS 的工作原理基于高能电子束与样品之间的相互作用。在 SEM 或 TEM 的操作过程中，一束高能电子束被聚焦并轰击到样品表面。这些高能电子与样品原子发生碰撞，导致原子内层电子（如 K 层或 L 层电子）被撞击出轨道。随后，外层电子会填补这些内层电子的空缺，并在此过程中释放能量。这些能量以 X 射线的形式辐射出去，形成所谓的特征 X 射线。特征 X 射线被 EDS 系统中的探测器捕捉后，会根据其能量差异进行分散并记录。由于每种元素释放的特征 X 射线能量是独特的，因此可以通过测量这些 X 射线的能量值来鉴别样品中的具体元素。此外，通过测量特征 X 射线的强度，还可以进一步确定样品中各元素的相对含量或比例。

在本书相关研究中，采用了日本理学公司（Rigaku）生产的 SmartLab HT7800 型号能量色散 X 射线光谱仪来进行样品测试。该仪器以其高精度、高灵敏度和高稳定性而著称，为材料科学研究提供了可靠的数据支持。

（2）X射线光电子能谱

X射线光电子能谱（X-ray photoelectron spectrometry，XPS）是一种先进的表面分析技术，广泛应用于材料科学、化学、物理学、电子学及生物医学等多个领域。该技术通过测量样品表面原子在X射线照射下发射出的光电子的能量分布，来揭示材料表面的元素组成、化学价态、化学键合状态以及表面污染情况等信息。

XPS的工作原理基于光电效应。当高能X射线（通常使用Al Kα或Mg Kα辐射源）照射到样品表面时，样品表面的原子会吸收X射线的能量，导致原子内层电子（如价电子或内壳层电子）被激发出来，形成光电子。这些光电子的能量分布由探测器捕捉并记录，形成XPS谱图。XPS谱图通常包含两个关键信息：光电子的动能（或束缚能）和光电子的数量（强度）。光电子的动能与原子内层电子的结合能有关，而结合能则取决于元素的种类和所处的化学环境。因此，通过测量光电子的动能，可以鉴别样品表面的元素种类。同时，光电子的强度提供了元素含量的相对信息，虽然绝对定量分析需要额外的校准步骤。在本书相关研究中，采用了美国Thermo Fisher公司生产的Thermo Fisher ESCALAB 250Xi型号X射线光电子能谱仪进行测试。

3.2 光学性能

对发光性能的研究是稀土发光材料研究中最基本也是最重要的内容，作为光致发光材料，衡量稀土荧光材料发光性能的指标主要有吸收光谱、激发光谱、发射光谱、量子产率、色度坐标等。

3.2.1 吸收光谱

当光线照射到荧光材料表面时，会发生多种相互作用。一部分光线会被反射或散射，而另一部分则会直接透过材料，剩余的光线则被材料吸收。值得注意的是，仅有被吸收的那部分光线才可能对荧光材料的发光过程产生作用。然而，并非所有被吸收的光波长都能有效激发荧光。哪些特定波长的光能被吸收，以及吸收的程度如何，均取决于荧光材料自身的特性。荧光材料对光的吸收过程，与一般物质类似，均遵循Beer定律（又称比尔-朗伯定律）。该定律描述了光在通过一定厚度的材料后，其强度如何随吸收而减弱。Beer定律的数学表达式为：

$$I(\lambda) = I_0(\lambda)e^{-\kappa_\lambda x}, \quad \text{或} \lg \frac{I_0}{I} = \kappa_\lambda x \tag{3-1}$$

式中，$I_0(\lambda)$为波长λ的光照射到材料表面的初始强度；$I(\lambda)$为光通过厚度x的荧光材料后的强度；κ_λ为一个不依赖于光强，但随波长变化的函数，称为吸收系数，它反映材料对不同波长光的吸收能力。材料的吸收系数随波长（或频率）的变化曲线，被称为吸收光谱（absorption spectrum）。荧光材料的吸收光谱并非固定不变，而是受到多种因素的影响。其中，基质、激活剂以及其他杂质是决定吸收光谱特征的关键因素。基质作为荧光材料的主要组成部分，其化学结构和物理性质对吸收光谱有着显著的影响。激活剂则是通过引入特定的元素或离子，改变材料的能级结构，从而增强或拓宽吸收光谱。此外，其他杂质的存在也可能导致吸收光谱中出现新的吸收带或吸收线，这些变化往往与杂质的种类和浓度密切相关。

　　紫外可见分光光度计（ultraviolet-visible spectrophotometer）的核心功能在于通过测量样品在不同波长下的光吸收强度，进而推导出样品的组成及浓度信息。在溶液分析中，该仪器常被用于测定溶质的浓度，其准确性高、操作简便，成为实验室中不可或缺的常规检测手段。此外，通过分析样品的吸收光谱，科学家们能够揭示出分子内部电子跃迁的能级结构，这对于理解分子的化学反应机理、构效关系以及新材料的开发均具有重要意义。本书相关研究中样品的吸收光谱采用 HORIBA 公司生产的 U-4100 型积分球式分光光度计进行测试。测试过程中以硫酸钡（$BaSO_4$）作为参比物，测试在室温下进行。测试方法如图 3-1（a）所示。

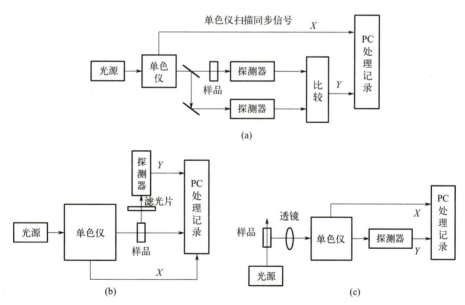

图 3-1　（a）吸收光谱的测量方法；（b）激发光谱的测量方法；（c）发射光谱的测量方法

3.2.2　荧光光谱

　　荧光光谱（fluorescence spectrum）主要包括激发光谱和发射光谱两部分。激发光谱描绘了在不同波长光的激发下，荧光材料所展现出的荧光强度分布，它反映材料对不同波长光的吸收能力。而发射光谱则展示荧光材料在受到激发后，所发射出的荧光的波长和强度分布，它揭示了材料的发光特性和能量释放方式。

（1）激发光谱

荧光材料的激发光谱，作为揭示其发光特性的关键参数，对于理解材料的发光机理、优化性能以及设计新型荧光材料具有重要意义。激发光谱，简而言之，是指在固定发射波长条件下，荧光材料对不同波长激发光的响应强度分布图，纵坐标值越大，说明发光越强，能量也越高。因此根据激发光谱，可以确定使激发该材料发光所需的激发光波长范围，并可以确定发射强度最大时的激发光波长。其测量过程通常涉及使用可调谐单色光源，逐步改变激发光的波长，同时利用荧光光谱仪监测在特定发射波长下的荧光强度。这一过程能够精确描绘出荧光材料在不同激发条件下的发光特性。

激发光谱与吸收光谱之间存在着紧密的内在联系。虽然两者在测量方法和应用目的上有所不同，但它们共同反映了荧光材料对光的吸收和转化能力。吸收光谱主要关注材料对所有入射光的吸收情况，而激发光谱则聚焦于能够引发荧光发射的特定波长范围。因此，激发光谱可以被视为吸收光谱在特定条件下的一个特殊表现，它更直接地关联到荧光材料的实际应用效果。

激发光谱的特性受到多种因素的影响，包括荧光材料的化学组成、晶体结构、掺杂元素种类及浓度、制备工艺等。例如，不同的基质材料可能具有不同的能带结构和电子跃迁特性，从而影响激发光谱的波长范围和强度分布。掺杂元素可以引入新的能级和跃迁通道，导致激发光谱中出现新的激发峰或改变原有激发峰的强度和位置。此外，制备工艺中的温度、压力等条件也可能对激发光谱产生影响。激发光谱在荧光材料的研究与应用中占据着举足轻重的地位。首先，它作为科学家探索荧光材料发光机理和能量传递路径的窗口，为优化材料性能提供了宝贵的理论指导。其次，激发光谱在筛选和设计新型荧光材料时发挥着至关重要的作用，通过对比分析不同材料的激发光谱特征，可以精准地挑选出具有卓越发光性能和特定应用前景的候选材料。此外，激发光谱还扮演着荧光材料表征与鉴定的关键角色，为材料的质量控制、产品认证及性能评估提供了强有力的支持。

（2）发射光谱

发射光谱，亦称发光光谱，描述了在特定波长激发下，材料所发射的不同波长光的强度分布。在这一光谱图中，横轴代表连续的发光波长，而纵轴则显示相应的发光强度。发射光谱的具体形态深受发光中心结构的影响，不同的发光中心会产生各自独特的发光谱带。发射光谱的产生，其根源在于原子或分子的电子能态跃迁。当原子或分子处于激发态时，其内部的电子会跃迁到更高的能级。随后，这些电子通过各种方式（如辐射跃迁）返回到基态或较低的激发态，并在这个过程中释放出能量。这种能量以光的形式辐射出去，形成所观察到的发射光谱。这些辐射的强度随频率或波长的变化而展现出独特的光谱特征，成为深入探究物质内在结构和性质不可或缺的关键工具。

发射光谱根据其特征可以分为三种主要类型：线状谱、带状谱和连续光谱。

① 线状谱：这是由原子的电子在能态间跃迁时产生的光谱。其显著特征是光谱线呈离散状态，即光谱线之间有明显的间隔。这种特征使得线状谱成为识别和分析元素的重要工具。

② 带状谱：与线状谱不同，带状谱是分子在电子能态跃迁时产生的。由于分子的电子跃迁往往伴随着转动能态和振动能态的跃迁，因此形成的光谱线会密集在一起，形成若干组光带。这种带状谱提供研究分子结构和性质的重要信息。

③ 连续光谱：除了线状谱和带状谱外，还有一些物体（如炽热的固体、电子同步辐射加速器等）可以发射连续光谱。这种光谱的特征是光谱线之间没有明显的间隔，形成连续的光谱带。连续光谱在物理学、天文学等领域有着广泛的应用。

图 3-1 中的（b）与（c）两部分分别展示了激发光谱与发射光谱的测量方法。在激发光谱的测量过程中，保持探测器的探测波长恒定，随后测量并记录发光强度与激发波长之间的关联变化。相对而言，在发射光谱的测量中，固定激发波长，并观察发光强度如何随频率（或波长、波数）的改变而发生变化。值得注意的是，与吸收光谱的测量相比，激发光谱的测定无须背底校正，因此其灵敏度更高。然而，激发光谱的测量对被测样品有特定要求，即样品须具备发射能级，且探测器仅能捕捉到那些能够弛豫至发射能级的、相对高能激发态的谱线。在低温条件下，所测得的激发光谱与吸收光谱能够共同揭示激活剂上能级的结构特征，而发射光谱则能够反映其下能级的结构信息。本书相关研究中，我们采用了 Edinburgh FLS1000 型瞬态稳态荧光光谱仪，以 150W 的氙（Xe）灯作为激发光源，对样品的激发光谱、发射光谱、荧光寿命以及量子产率进行了全面测定。

3.2.3 能级

物质的原子结构由位于中心的原子核及其周围环绕的电子构成。电子在原子核周围进行轨道运动，依据量子理论，电子只能占据某些特定的、满足特定条件的轨道，这些轨道被称为稳定轨道或量子轨道。在这些稳定轨道上运动时，电子不会释放能量，处于一种"静态平衡"状态。不同的电子轨道对应着不同的能量状态，从而形成不同的能级。电子轨道距离原子核的远近决定原子所蕴含的能量大小，距离越远，能量越高。当原子处于稳定状态时，所有电子都位于距离原子核最近的相应轨道上，此时原子的能量达到最低点。然而，当原子从外部吸收能量时，某些轨道上的电子能够跃迁到能量更高的轨道或能级，进入激发态。相反，当电子从高能级跃迁回低能级时，会释放能量，这一过程有时伴随着光的发射。为了直观地展示微观粒子（如原子、离子、分子或特定基团）体系可能具有的能量状态，可以根据能量从低到高的顺序，用线段绘制出能级图。这些线段代表不同的能级。需要注意的是，能级的数量是无限的，但在实际应用中，通常只绘制与研究问题直接相关的能级图。

3.2.4 荧光寿命

荧光寿命，即荧光衰减时间，是指物质在受到激发后，其分子从基态跃迁到激发态，再经过辐射跃迁返回到基态的过程中，荧光强度衰减至初始最大强度 1/e 所需的时间。这一时间参数通常用 τ 表示，是荧光物质的一种固有特性，反映其荧光发射过程的动态行为。

荧光强度随时间的变化展现出指数形式的衰减特性，这一特性常通过特定的数学公式来描述发光材料的荧光寿命，具体公式如下所示：

$$I_t = I_0 + A\exp(-t/\tau) \tag{3-2}$$

式中，I_t 为在 t 时刻的发光强度；I_0 为发光材料的初始发光强度；A 为衰减曲线的常数，反映衰减的速率或程度；τ 为荧光寿命，它衡量荧光强度衰减到初始强度 1/e 所需的时间。这一公式提供了一种量化评估发光材料荧光寿命的有效手段。荧光寿命的长短受多种因素的共同影响，包括荧光物质的分子结构、所处环境的极性、黏度、温度，以及是否存在荧光猝灭剂等。

3.2.5 量子产率

量子产率（quantum yield，QY），是衡量荧光粉将吸收光能转化为荧光辐射效率的关键指标，高量子产率意味着荧光粉材料的转换效率高。简言之，量子产率是荧光粉吸收光子数与发射光子数之比，直观反映了其发光效率。依据测量标准的不同，量子产率可细分为绝对量子产率和相对量子产率。前者通过直接测定荧光粉的发射光谱和吸收光谱进行计算，后者则通过与已知量子产率的荧光粉对比来确定。具体计算公式如式（3-3）所示。

$$QY = \frac{I_{em}}{I_{abs}} = \frac{\int L_S}{\int E_R - \int E_S} \tag{3-3}$$

式中，I_{em} 为样品发射的光子数；I_{abs} 为吸收的光子数；L_S 为发光强度；E_R 和 E_S 为样品在积分球存在和不存在时的激发强度。

为提升量子产率，可从以下方面着手：优化荧光粉的化学组成和晶体结构，通过调整元素比例、掺杂和改变晶体结构来改善能带结构和发光中心；改善荧光粉的表面状态，采用表面修饰、包覆和钝化等技术减少表面缺陷和杂质的影响；优化激发特性，选择与荧光粉吸收光谱匹配的激发光波长，并合理控制光强；改善环境条件，如调控温度和湿度，以减少外部环境对荧光粉发光性能的干扰。

3.2.6　色度坐标

为了精确且定量地描绘颜色特征，并借助物理学方法进行测量，研究者们引入了色度图这一关键工具。荧光体发光颜色的描述，则依赖于特定的色度坐标体系，这一体系由 X、Y、Z 三个参数构成，亦被称为色度坐标。它们满足一个基本关系式：$X+Y+Z=1$，意味着在给定三个坐标值时，仅有两个是独立变量。因此，在多数情况下，仅通过 X 和 Y 两个坐标值即可充分描述一种颜色，这简化了颜色表示并促进了二维色度图的应用。

国际照明委员会（Commission Internationale de I. Eclairage，CIE）制定的标准色度图，它是一套被广泛认可且精确的体系。在此体系中，任意颜色均可通过精确配比蓝色、绿色和红色这三种基本色来合成，尽管在实际操作中关注的是 X_0（蓝色分量）、Y_0（绿色分量）和通过关系式推导出的 Z_0（红色分量，因 $X+Y+Z=1$，故 $Z=1-X-Y$）。这种表示方法不仅提升了颜色描述的准确性，也极大地便利了颜色测量与分析工作。因此，色度图与色度坐标体系提供了一种精确、高效的颜色描述与测量手段，是色彩科学领域不可或缺的重要工具。

图 3-2 所示为 1931-CIE 标准色度图。图中的舌形曲线为单色光谱的轨迹，曲线上每一点代表某一波长的单色光。曲线所包围的区域内的每一点代表一种复合光，即代表一种颜色。自然界中每一种可能的颜色在色度图中都有其对应的位置。色度图上每一点（X，Y）都代表一种确定的颜色。某一指定点越靠近光谱轨迹（即曲线边缘），颜色越纯，即颜色越正，越鲜艳，即色饱和度越好。中心部分接近白色。

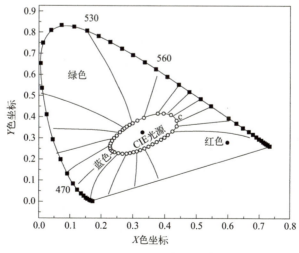

图 3-2　1931-CIE 标准色度图

3.2.7 色纯度

色纯度（color purity，CP），又称色彩饱和度或色彩纯度，是指荧光粉在受到激发后所发出的光的颜色纯净程度。它要求荧光粉在发光时只发出特定颜色的光，而不包含其他杂色。高色纯度的荧光粉能够提供更鲜艳、更准确的颜色表现，从而提高显示或照明设备的质量。

色纯度可以利用公式（3-4）来评估：

$$CP = \frac{\sqrt{(X_s - X_i)^2 + (Y_s - Y_i)^2}}{\sqrt{(X_d - X_i)^2 + (Y_d - Y_i)^2}} \times 100\% \tag{3-4}$$

式中,(X_i, Y_i) 为 CIE 标准光源的白光坐标;(X_d, Y_d) 为主波长色度坐标;(X_s, Y_s) 为样品色度坐标。

3.2.8 相关色温

相关色温（correlated color temperature，CCT）是一个衡量光源色表特性的重要参数，它通过将光源的光谱分布与黑体辐射在某一温度下的光谱分布进行比较，从而确定一个最接近的黑体温度作为光源的色温值。这一过程并非直接测量光源的实际温度，而是基于光谱分布相似性的比较。

色温的测量依赖于精密的光学仪器，如色度计或分光光度计，这些设备能够捕捉光源的光谱分布，并通过与标准黑体辐射光谱的对比，计算出光源的色温。在实际操作中，色温的评估可能还涉及使用色温图或色温表等辅助工具，这些工具基于实验数据，将光源的色度坐标与色温值进行关联，便于快速查找和估算。一般来说，CCT 值可通过式（3-5）和式（3-6）来估算：

$$n = \frac{X_s - 0.332}{Y_s - 0.186} \tag{3-5}$$

$$CCT = -437n^3 + 3601n^2 - 6861n + 5514.31 \tag{3-6}$$

式中,(X_s, Y_s) 为样品色度坐标。

3.2.9 浓度猝灭

激活剂作为荧光粉发光机制中的核心部分，其作用是激活原本不发光或发光微弱的材料，使其在受到外界能量激发时能够释放可见光。这一过程涉及激活剂吸收能量并将其传递给荧光粉中未受激发的部分，从而引发光的发射。通常而言，荧光粉的发光强度会随着激活剂浓度的提升而增强，但这一现象并非无限制地持续。存在一个最佳的激活剂掺杂浓度，超过此浓度后，荧光粉的发光强度不再随激活剂浓度的增加而线性增长。相反，当激活剂浓度超过这一阈值时，荧光粉的发光强度会开始减弱，这一现象被称为浓度猝灭。浓度猝灭的发生源于激活剂浓度的增加导致发光中心之间的距离缩短。随着发光中心距离的减小，能量在激活剂之间的传递概率增加，超过了直接发射光的概率。这导致激发能量在荧光粉的激活剂之间反复传递，直至能量被猝灭中心捕获并损耗，从而降低荧光粉的发光效率。

浓度猝灭效应，作为一种重要的物理现象，在稀土掺杂的荧光粉中尤为显著。该效应主要源于掺杂的稀土离子之间的非辐射能量传递，正如 Dexter 理论所详尽阐述的那样。浓度猝灭的发生与稀土离子之间的临界距离 R_c 密切相关，这一距离是决定能量传递方式的关键因素。具体而言，当 R_c 小于 5Å（1Å=10^{-10}m）时，能量主要通过交换相互作用在稀土离子之间传递；而当 R_c 大于 5Å 时，则主要通过电多极 - 多极相互作用进行传递。为了量化这一关系，可以采用 Blasé 提出的特定的计算公式进行计算[1]。

$$R_c = 2\left(\frac{3V}{4\pi x_c Z}\right)^{\frac{1}{3}} \tag{3-7}$$

式中，V 为单位晶胞体积；x_c 为稀土离子的临界掺杂浓度；Z 为基质晶格中可能被取代的阳离子的数量。

为了进一步确定具体的多级相互作用类型，可以使用 Dexter 理论来进一步分析理解[2]。

$$\frac{I}{x} = k_B[1 + \beta(x)^{Q/3}]^{-1} \tag{3-8}$$

式中，I 为样品的发射强度；x 为 Dy^{3+} 的掺杂浓度；k_B 为玻尔兹曼常数；Q 的值不同代表着不同的相互作用类型，分别为 $Q=6$（偶极 - 偶极，dipole-dipole）；$Q=8$（偶极 - 四极，dipole-quadrupole）和 $Q=10$（四极 - 四极，quadrupole-quadrupole）。若假设 $\beta(x)^{Q/3}$ 的数值远大于 1，那么原有的公式可以简化为式（3-9）。

$$\lg\left(\frac{I}{x}\right) = \lg k_B - \lg\beta - \frac{Q}{3}\lg x \tag{3-9}$$

式（3-9）揭示了 $\lg x$ 与 $\lg(I/x)$ 之间的关联，即 $\lg x$ 与 $\lg(I/x)$ 的线性拟合的斜率值为 $-\frac{Q}{3}$，因此可以推导出 Q 的值，进一步得出发生浓度猝灭的多级相互作用类型。

3.3　热稳定性

本节聚焦于荧光粉在高温环境下的发光性能变化，这是评估其热稳定性的核心。热稳定性作为衡量荧光粉性能优劣的重要指标之一，对于荧光粉在高温照明、显示等领域的应用具有决定性意义。在高温环境下，荧光粉的发光性能会发生显著变化。为了量化这种变化，通常通过测量荧光粉在不同温度下的发光强度、发光波长等关键参数来评估其热稳定性。具体而言，具有高热稳定性的荧光粉能够在高温条件下保持较好的发光性能，这对于其在高温环境下的应用至关重要。

图 3-3 展示了荧光粉发光强度与温度的关系。从图中可以看出，随着温度的升高，荧光粉的发光强度逐渐减弱。为了更直观地描述这种变化，人们引入了猝灭温度 T_q[3] 的概念。猝灭温度 T_q 是通过在发光强度 - 温度曲线上选取相对强度为 80% 和 20% 的两个点，并连接这两点形成一条直线，然后该直线在温度轴上的截距来定义的。当环境温度高于猝灭温度 T_q 时，荧光粉的发光强度将显著下降，甚至可能不再发光。

当温度为 T 时，发光强度 I_T 与初始强度 I_0 之间的关系符合 Struck 和 Fonger 模型[4,5]，即以下方程：

$$\frac{I_T}{I_0} = \left[1 + \frac{s}{A}\exp\left(-\frac{\Delta E}{k_B T} \right) \right]^{-1} \tag{3-10}$$

式中，A 为辐射衰变率；s 为热猝灭速率；k_B 为玻尔兹曼常数；s/A 为一个常数；ΔE 为活化能。上述方程可能变形为：

$$\frac{I_0}{I_T} - 1 = \frac{s}{A}\exp\left(-\frac{\Delta E}{k_B T} \right) \tag{3-11}$$

$$\ln\left(\frac{I_0}{I_T} - 1 \right) = \ln\frac{s}{A} - \frac{\Delta E}{k_B T} \tag{3-12}$$

从以上公式推导得出，活化能 ΔE 即线性方程 $\ln\left(\dfrac{I_0}{I_T} - 1 \right) = \ln\dfrac{s}{A} - \dfrac{\Delta E}{k_B T}$ 的斜率的负数。

所以通常可以根据发射光谱图的数据计算绘制出 $\ln(I_0/I_T - 1)$ 与 $1/(k_B T)$ 的关系图，根据拟合出的斜率，得到活化能 ΔE。

图 3-4 则展示了热猝灭能级图，有助于更深入地理解荧光粉在高温下发光性能下降的原因。从图中可以看出，当荧光粉处于高温状态时，已经处于高振动能级的电子可能会再次吸收能量，跃迁到更高的振动能级。如果这些高振动能级与低振动能级的能量曲线存在交点，那么处于高振动能级的电子就可以通过晶格振动的方式释放能量并回到基态。这种能量释放方式并不会产生光，而是导致周围晶格的温度升高。因此，在高温环境下，荧光粉可能会以晶格振动的方式将能量释放给周围晶格，从而降低其发光性能。

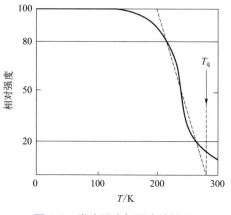
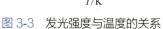
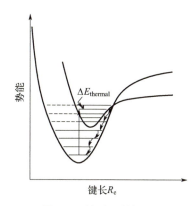

图 3-3　发光强度与温度的关系　　　　图 3-4　热猝灭能级图

参考文献

[1] Blasé G. Energy transfer in oxidic phosphors[J]. Philips Research Reports, 1969, 24 (2): 131-144.

[2] Dexter D L. Theory of concentration quenching in inorganic phosphors[J]. The Journal of Chemical Physics, 1954, 22 (6): 1063-1070.

[3] Blasé G. Fluorescence of niobium-activated antimonates and an empirical criterion for the occurrence of luminescence[J]. The Journal of Chemical Physics, 2003, 48 (7): 3108-3114.

[4] Struck C W, Fonger W H. Unified model of the temperature quenching of narrow-line and broad-band emissions[J]. Journal of Luminescence, 1975, 10 (1): 1-30.

[5] Struck C W, Fonger W H. Thermal quenching of Tb^{3+}, Tm^{3+}, Pr^{3+} and Dy^{3+} $4f^n$ emitting states in La_2O_2S[J]. Journal of Applied Physics, 1971, 42: 4515-4516.

第 4 章

Sr$_3$CaNb$_2$O$_9$:RE^{3+} 的发光性能与应用

4.1 引言

复合钙钛矿结构（A$_3$BB′$_2$O$_9$）化合物是一种性能卓越的基质材料，尤其在 B 位被过量金属离子占据时，能有效促进能量转移过程[1]。近年来，以铌酸盐为基础的荧光材料研究日益增多，这主要归因于其相较于传统的硫化物基商用红色荧光粉（Y$_2$O$_2$S:Eu^{3+} 和 Y$_2$O$_3$:Eu^{3+}）以及某些氮化物红色荧光粉，展现出了更为突出的优势。比如铌酸盐基荧光粉具有优异的化学与物理稳定性、高效率以及制造工艺简单等。本章我们选择 Sr$_3$CaNb$_2$O$_9$（简写为 SCNO）作为基质材料，制备并系统研究了稀土离子 Eu^{3+}/Sm^{3+} 掺杂 Sr$_3$CaNb$_2$O$_9$ 荧光粉的微观结构、发光性能及其在白色发光二极管和植物生长领域的实际应用。

4.2 Sr$_3$CaNb$_2$O$_9$:Eu^{3+} 的发光性能与应用

铕（Eu）是化学元素周期表中的一员，其原子序数为 63，归类于稀土元素系列。在自然状态下，铕主要以氧化态的形式存在，其中三价铕离子（Eu^{3+}）尤为常见。Eu^{3+} 因具备多种独特性质，在众多领域内展现出广泛的应用潜力。众多铕（Ⅲ）化合物因 ^{5}D$_0$ 激发态至 ^{7}F$_J$ 基态能级（J=0 ~ 6）的跃迁而展现出强烈的光致发光特性。尤为突出的是，这些化合物在红色至近红外光谱区域具有显著的发射峰，波长范围大致在 580 ~ 620nm 之间，这使得它们在红色光谱区域内表现出强烈的荧光效应。因此，Eu^{3+} 常被用作红光发射荧光粉的掺杂剂。

4.2.1 Sr₃CaNb₂O₉:Eu³⁺ 的制备及微观结构

(1) Sr₃CaNb₂O₉:Eu³⁺ 的制备

$Sr_3Ca_{1-x}Nb_2O_9$:xEu³⁺（x=0，0.05，0.1，0.15，0.2，0.25，0.3，0.35，0.4）荧光粉是通过标准的高温固相反应法制备的。首先，利用电子天平精确称量出 $SrCO_3$、$CaCO_3$、Nb_2O_5 和 Eu_2O_3 原料，按照既定的化学计量比进行配比。随后，将这些精确称量的原料倒入研磨钵内，通过逆时针方向的持续研磨，时长为 45min，以确保所有原料能够充分且均匀地混合。接着，把研磨均匀的混合物转移到氧化铝材质的坩埚中，再将此坩埚置于预先设定至 1400℃ 的高温烧结炉内，进行长达 6h 的煅烧处理。待煅烧完成后，从烧结炉中取出样品，并对其进行粉碎，以便于后续的测试与分析工作。该合成过程的化学反应方程式如式（4-1）所示。

$$(1-x)CaCO_3 + 3SrCO_3 + Nb_2O_5 + \frac{x}{2}Eu_2O_3 \xrightarrow{1400℃,\,6h} Sr_3Ca_{1-x}Eu_xNb_2O_9 \quad (4-1)$$

(2) Sr₃CaNb₂O₉:Eu³⁺ 的物相

图 4-1（a）展示了 SCNO:xEu³⁺（x=0，0.1，0.2，0.3，0.4）荧光粉的 XRD 衍射图谱。观察发现，各 Eu³⁺ 掺杂浓度的样品主要衍射峰均与 $Sr_3CaNb_2O_9$（PDF#04-001-7765）标准卡片高度吻合，证实了 $Sr_3CaNb_2O_9$ 纯相的成功合成。参考 Shannon 关于不同配位数离子半径的理论[2]，在 SCNO 结构中，Ca²⁺ 的离子半径为 1Å，Sr²⁺ 的离子半径为 1.44Å，而 Eu³⁺ 的离子半径为 0.95Å，因此推测 Eu³⁺ 可能取代了 Ca²⁺ 的晶格位置。依据布拉格定律（$2d\sin\theta=n\lambda$），晶面间距（d）与衍射角（θ）成反比关系[3]。图 4-1（b）揭示，随着 Eu³⁺ 掺入 $Sr_3CaNb_2O_9$ 主体晶格，由于 Eu³⁺ 的离子半径小于 Ca²⁺，导致晶体结构发生收缩，衍射角（θ）相应增大，样品的衍射峰逐渐右移。这一结果进一步证实了 SCNO:xEu³⁺ 荧光粉的成功合成。

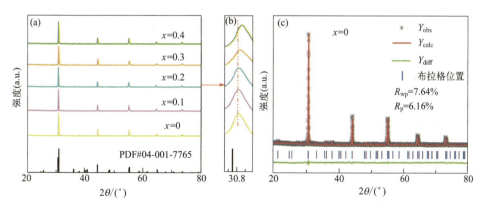

图 4-1

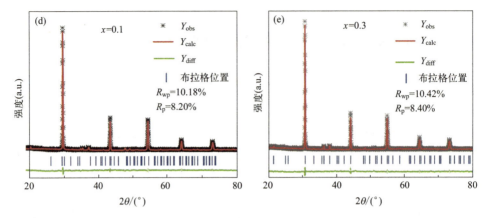

图 4-1 （a）SCNO:xEu^{3+} 的 XRD 衍射图；（b）在 30.66°~30.96° 范围内放大的 XRD 衍射图；（c）~（e）SCNO:xEu^{3+} 的 XRD 精修图

图 4-2 展示了 Sr$_3$CaNb$_2$O$_9$ 的晶体结构特征。该化合物具有独特的晶体结构，特别是其中八面体的倾斜现象，这一特性降低了晶体的对称性[4]。Sr$_3$CaNb$_2$O$_9$ 的空间群为 $P6_3/mmc$，属于六方晶系。其晶体结构由 Ca^{2+} 和 Sr^{2+} 有序交联构成的立方体骨架组成，而 Nb^{5+} 和 Sr^{2+} 则以中心对称的方式嵌入立方体中心。Sr^{2+} 与周围的 12 个 O^{2-} 配位，形成 [SrO$_{12}$] 多面体；而 Ca^{2+} 和 Nb^{5+} 则分别与 6 个 O^{2-} 配位，形成 CaO$_6$ 和 [NbO$_6$] 八面体。这些离子的半径分别为 Sr^{2+} 0.64Å、Ca^{2+} 1.44Å、Nb^{5+} 1Å，而 Nb—O、Sr—O 和 Ca—O 的平均键长则分别为 2.026Å、2.966Å 和 1.948Å。这些离子在晶胞中按照一定的规律交替出现，并通过共享氧原子相互连接。SCNO 属于复合钙钛矿结构，其结构稳定性可以通过 Goldschmidt 容差因子来预测[5, 6]。容差因子的计算公式如式（4-2）所示：

$$t = \frac{r_{Sr}(CN) + r_O(CN)}{\sqrt{2}\left[\dfrac{r_{Ca}(CN) + r_{Nb}(CN)}{2} + r_O(CN)\right]} \tag{4-2}$$

式中，r 为原子半径；CN 为配位数。涉及的原子半径值分别为 Sr（1.44Å）、Ca（1.00Å）、Nb（0.64Å）、O（1.40Å）。经过计算，得出的容差系数 t 约为 0.90。理想的钙钛矿结构具有容差系数 $t=1$ 的特点，用于评估其是否发生了几何应变和畸变。当容差系数 t 偏离理想值 1 时，晶体结构会发生变形。而 $t \approx 0.90$ 的结果表明，SCNO 的立方结构相对较为稳定。从图 4-2 中可以观察到，[NbO$_6$] 八面体的键角并不相等，这证实了 [NbO$_6$] 八面体确实发生了倾斜，与之前的计算预测结果相符。当三价稀土离子掺杂并取代二价离子时，会引起相邻离子间的吸附能力变化，从而产生 John-Teller 八面体扭曲或 [BO$_6$] 八面体扭曲，这种扭曲会打破晶格的对称性，使得激活离子在晶格外振动更加剧烈，进而提升发光性能[7,8]。这进一步证明了 $Sr_3CaNb_2O_9$ 作为发光基质的潜力。

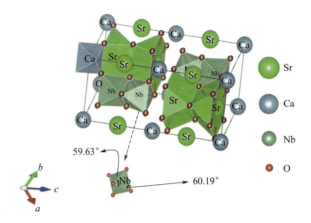

图 4-2　$Sr_3CaNb_2O_9$ 的晶体结构

使用 GSAS 软件对 SCNO 掺杂不同浓度 Eu^{3+} 的样品进行了精细结构分析，得出了如图 4-1（c）～（e）所示的三个浓度样品的详细结构特征。图中，Y_{obs} 代表样品的实测 XRD 数据，Y_{calc} 则是由标准结构模型拟合得出的计算数据，而 Y_{diff} 则展示了实验数据与计算拟合数据之间的偏差。短的竖线表示理论计算中布拉格反射的预期位置。经过对比，计算数据与实测数据呈现出良好的一致性，且未发现多余的次生相。表 4-1 为精修获得的晶格参数，其中可靠性指标 R_p 和 R_{wp} 较小，进一步验证了精修结果的可靠性。随着 Eu^{3+} 的掺入，晶格参数有所减小，这表明较大的 Ca^{2+} 被尺寸较小的 Eu^{3+} 有效置换。由于 Eu^{3+} 与 Ca^{2+} 半径差异不大，因此晶格参数的减小幅度相对较小，这与图 4-1（b）中观察到的峰值位移现象相吻合。

表 4-1　Rietveld 精修结果

x	$a/Å$	$b/Å$	$c/Å$	$V/Å^3$	$R_{wp}/\%$	$R_p/\%$	χ^2
0	5.79895	5.79895	14.20828	413.782	7.64	6.16	1.999
0.1	5.79397	5.79397	14.19975	412.823	10.18	8.20	1.299
0.3	5.79026	5.79026	14.17717	411.639	10.42	8.40	1.364

（3）$Sr_3CaNb_2O_9:Eu^{3+}$ 的 SEM 和 EDS

在 1400℃烧结条件下制备的 $Sr_3Ca_{0.7}Nb_2O_9:0.3Eu^{3+}$ 荧光粉颗粒，其扫描电子显微镜图像如图 4-3（a）和（b）所示。这些颗粒呈现出不规则形状，由单个或多个小颗粒团聚而成，尺寸范围跨越数微米至数十微米不等。样品的整体形态由众多尺寸不一的微纳米颗粒构成，这种特性使其非常适合作为 WLED 的应用材料。研究表明，微米级的荧光粉粒子在 LED 照明领域具有显著的应用前景。图 4-3（c）展示了 SCNO:0.3Eu³⁺ 的 EDS 及元素分布图，图中清晰可见 Sr、Ca、Nb、O 和 Eu 的尖锐峰值，以及这些元素在粒子外表面的分布情况。根据 EDS 分析，Sr、Ca、Nb、O 和 Eu 的原子百分比分别为 22.725%、3.3491%、14.734%、56.439% 和 2.611%，这一比例与标准化学计量比十分接近。所有预期的元素均在 EDS 中得到了确认，且未观察到任何杂质峰，从而证实了 Eu³⁺ 已成功掺入 Sr₃CaNb₂O₉ 基质中。

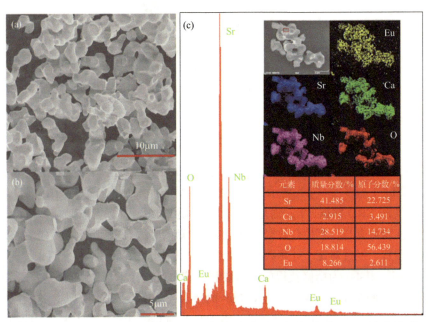

图 4-3　SCNO:0.3Eu³⁺ 的 SEM、EDS 及元素分布图：（a），（b）不同放大倍数下的 SEM 图；（c）EDS 图，插图：元素分布及相应的元素含量比

（4）Sr₃CaNb₂O₉:Eu³⁺ 的能带结构和态密度

利用密度泛函理论（DFT）方法，我们计算了 Sr₃CaNb₂O₉ 的能带结构，结果展示在图 4-4（a）中。分析显示，价带最大值（VBM）与导带最小值（CBM）均位于 G 点，表明 SCNO 具有直接带隙特性。图 4-4（b）呈现了 SCNO 的态密度分布，显示在 −20 ～ 0eV 的低能区域主要由 Nb 的 5d 态和 O 的 2p 态构成，而 0 ～ 20eV 的高能区域则主要由 Nb d、Ca d 和 Sr d 态占据，其他态的贡献相对较小。其中，Nb 的 5d 态和 O 的 2p 态分别主导着总态密度（TDOS）中的导带和价带，因此，光吸收过程主要与 O²⁻ 至 Nb⁵⁺ 的电子跃迁相关 [9]。对于掺杂模型，我们采用了包含 60 个原子的超胞结构，并设定了 25% 的掺杂浓度，这一浓度接近最佳掺杂水平。图 4-4（c）展示了 SCNO:0.25Eu³⁺ 的能带结构，揭示出 Eu³⁺ 的 4f 能级位于价带与导带之间，其 4f 构型在带隙中被分割为多个子能级，电子在这些子能级间的跃迁

以光的形式释放能量。此外，Eu³⁺ 的掺杂导致 G 点导带能量下降，掺杂后的带隙宽度为 3.495eV。图 4-4（d）为 SCNO:0.25Eu³⁺ 的总态密度和分波态密度（PDOS），从中可以观察到价带顶部主要由 O 原子的 2p 轨道构成，而导带底部则主要由 Nb 原子的 3d 轨道构成，这表明基质的光吸收主要来源于 [NbO₆] 八面体的贡献[10]。

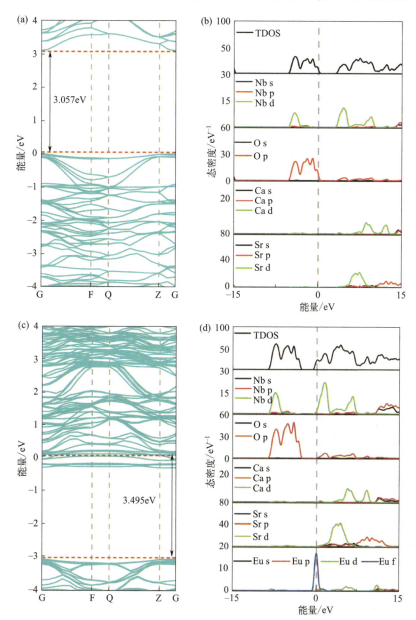

图 4-4 （a）SCNO 的能带结构；（b）SCNO 的 TDOS 和 PDOS；（c）SCNO: 0.25Eu³⁺ 的能带结构；（d）SCNO:0.25Eu³⁺ 的 TDOS 和 PDOS

4.2.2 Sr₃CaNb₂O₉:Eu³⁺ 的发光性能

(1) Sr₃CaNb₂O₉:Eu³⁺ 的光致发光特性

图 4-5 展示了 SCNO:0.3Eu³⁺ 荧光粉的激发与发射光谱特性。在监测波长为 611nm 时，PLE 光谱在 200～350nm 范围内显示出宽带激发，同时在 350～500nm 区间内观察到明显的发射峰，这些峰源于 Eu^{3+} 的 f-f 跃迁。值得注意的是，在 200～350nm 的宽波段内，Eu^{3+} 的电荷转移带跃迁涉及 O^{2-} 从 2p 轨道向 4f 轨道的跃迁过程。具体而言，Eu^{3+} 在 363nm、387nm、394nm、407nm 和 467nm 处的激发峰分别对应于 $^7F_0 \rightarrow ^5D_4$、$^7F_0 \rightarrow ^5L_7$、$^7F_0 \rightarrow ^5L_6$、$^7F_0 \rightarrow ^5D_3$ 和 $^7F_0 \rightarrow ^5D_2$ 的跃迁。当使用近紫外光（394nm）激发时，PL 光谱在 593nm、611nm、655nm 和 707nm 处呈现出尖锐的发射峰，这些峰可能归因于 $^5D_0$ 能级向 ^7F_J（J=0，1，2，3，4）能级的跃迁[11, 12]。

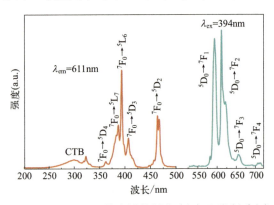

图 4-5　SCNO:0.3Eu³⁺ 荧光粉的激发（左）和发射（右）光谱

图 4-6（a）展示了 SCNO:xEu³⁺ 荧光粉在 611nm 监测波长下的激发光谱。各浓度样品的激发光谱位置保持一致，仅发射强度有所差异，这表明它们的发光机理是相同的。其中，394nm 处的激发峰最为显著，预示着该荧光粉能被 n-UV 芯片有效激发。图 4-6（b）则呈现了这些样品在 394nm 激发下的发射光谱，随着 Eu³⁺ 含量的增加，尽管发射光谱的主峰位置保持相似，但其相对强度却发生了显著变化。特别是在 611nm（对应 $^5D_0 \rightarrow ^7F_2$ 跃迁）和 593nm（$^5D_0 \rightarrow ^7F_1$）处的发射强度，随着 Eu³⁺ 浓度的提升而明显增强。值得注意的是，在图 4-6（c）中，当 $x \leqslant 0.2$ 时，593nm 处的发射主要源自 $^5D_0 \rightarrow ^7F_1$ 跃迁（磁偶极子）。然而，随着 x 从 0.2 增加至 0.4，发射光谱的主峰逐渐从 $^5D_0 \rightarrow ^7F_1$ 跃迁转变为 $^5D_0 \rightarrow ^7F_2$ 跃迁（电偶极子）。电偶极子（$^5D_0 \rightarrow ^7F_2$）与磁偶极子（$^5D_0 \rightarrow ^7F_1$）跃迁的相对强度，可用来评估发射中心 Eu³⁺ 所处晶体场的环境对称性。依据 Judd-Ofelt（J-O）理论[13]，当 J-O 强度参数 Ω_λ（λ=2, 4, 6）较大时，表明 Eu^{3+} 处于低对称环境中，此时 611nm（$^5D_0 \rightarrow ^7F_2$）处的发射强度较高；反之，则处于高对称环境，该波长下的发射强度较低。因此，

随着 Eu³⁺ 浓度的增加，可能引发了八面体的扭曲，降低了晶体的对称性，从而使得593nm处的发射强度在图4-6（c）中位于611nm处的发射强度之上。当$x=0.3$时，发光强度达到峰值，随后因浓度猝灭而下降。浓度猝灭是发光材料中一种常见的现象，其内在机制尚需深入研究。通常认为，多极相互作用是导致浓度猝灭的主要因素，当掺杂浓度超过最佳值时，发射强度会随之减弱。

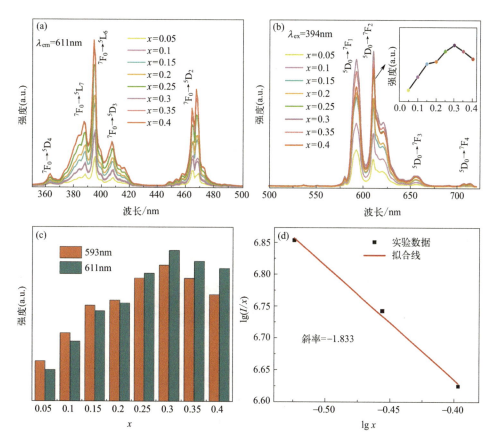

图4-6 （a）SCNO:xEu³⁺ 的激发光谱；（b）SCNO:xEu³⁺ 的发射光谱（插图：发射强度随掺杂浓度x的变化）；（c）SCNO:xEu³⁺ 的发射强度柱状图；（d）lg(I/x)与lg$x$的线性拟合

为了更准确地判断能量传递的类型，我们可以通过计算 Eu³⁺ 间的临界距离（R_c）来进行深入分析，公式见式（3-7）。已知其体积 V 为411.3Å³，临界浓度 x_c 约为0.3，阳离子数 Z 为2，将这些数值代入相应公式后，计算得出的临界距离约为6.9Å。当这个距离超过5Å时，通常认为浓度猝灭是由于离子间的多级相互作用导致的。因此，可以推断出 Eu³⁺ 间的浓度猝灭主要由多级作用引起。而多级相互作用具体属于哪一种类型，则可通过进一步的方程［式（3-8）和式（3-9）］计算来确定。对于SCNO:xEu³⁺（$x=0.3$，0.35，0.4），图4-6（d）展示了lg(I/x)与lg$x$之间的线性拟合结果。拟合线的斜率为 −1.833，由此推断出 Q 值接近 6。这一结果表明，在 $Sr_3CaNb_2O_9$ 基质中，Eu^{3+} 发射的浓度猝灭主要是由电偶极 - 偶极相互作用引起的。

（2）$Sr_3CaNb_2O_9:Eu^{3+}$ 的热稳定性

为了探究 SCNO:Eu^{3+} 荧光粉的热稳定特性，我们在 300～510K 的温度区间内，使用 394nm 激发光测量了 SCNO:$0.3Eu^{3+}$ 的发射光谱强度变化，结果如图 4-7（a）所示，光谱的形状并未随温度的改变而改变。然而，随着温度从 300K 升至 510K，发射强度有所下降。图 4-7（b）展示了不同温度下发射峰值强度相对于初始温度（300K）下强度的百分比。由此可知，SCNO:$0.3Eu^{3+}$ 展现出良好的热稳定性，在 420K 时仍能保持初始强度的 72.5%。此外，我们采用 Struck 和 Fonger 模型对热猝灭机制进行了更深入的分析，方程见式（3-10）和式（3-12）。图 4-7（c）展示了在掺杂浓度为 $x=0.3$ 时，通过线性拟合 $[1/(k_BT)]$ 与 $\ln(I_0/I_T-1)$ 的关系，我们计算得出活化能 ΔE 为 0.184eV。

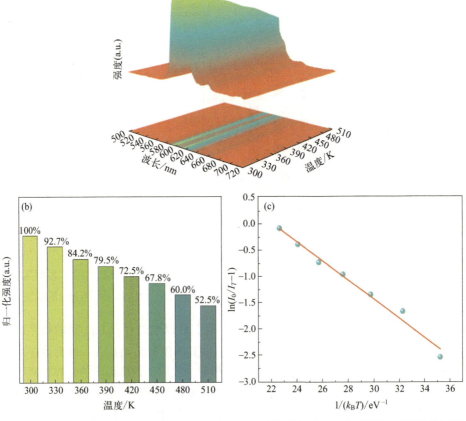

图 4-7 （a）不同温度下 $Sr_3Ca_{0.7}Nb_2O_9:0.3Eu^{3+}$ 的发射光谱；（b）不同温度下的发射强度归一化；（c）$\ln(I_0/I_T-1)$ 与 $1/(k_BT)$ 的线性拟合

(3) $Sr_3CaNb_2O_9:Eu^{3+}$ 的荧光寿命

图4-8中所示为室温条件下 SCNO:xEu^{3+}（$x=0.1$，0.2，0.3，0.4）的荧光寿命衰减曲线。在394nm光的激发下，这些寿命曲线与一阶指数方程［式（3-2）］相吻合。对于 SCNO:xEu^{3+} 荧光粉，当 x 分别为0.1、0.2、0.3、0.4时，其荧光寿命依次为0.294ms、0.279ms、0.261ms和0.238ms。随着 Eu^{3+} 浓度的提升，荧光寿命呈现下降趋势，这归因于 Eu^{3+} 间距随掺杂浓度的增加而缩小，导致活化离子间的非辐射相互作用加剧，进而缩短发光寿命。

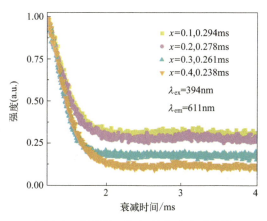

图4-8 SCNO:xEu^{3+} 的寿命衰减曲线

(4) $Sr_3CaNb_2O_9:Eu^{3+}$ 的量子产率

图4-9展示了 SCNO:$0.3Eu^{3+}$ 的量子产率测试结果，通过计算公式（3-3）得到其值高达85.57%，这一性能优于众多其他含氧酸盐类的红色荧光粉，例如 $LiY_9(SiO_4)_6O_2$:Eu^{3+}（51.6%）[14]、$Ca_2YNbO_6:Eu^{3+}$（78.24%）[15]、$Bi_4Si_3O_{12}:Eu^{3+}$（14.5%）[16]。

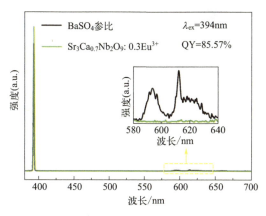

图4-9 SCNO:$0.3Eu^{3+}$ 的量子产率（$BaSO_4$ 作为参比）（插图：580～640nm处的放大图）

（5）Sr$_3$CaNb$_2$O$_9$:Eu^{3+} 的 CIE、CP 和 CCT

图 4-10 呈现了 SCNO:xEu^{3+} 荧光粉在 CIE 色度图上的坐标位置。在 394nm 紫外光的激发下，SCNO:0.3Eu^{3+} 样品的色度坐标定位于红色区域，具体为（0.5985，0.3968）。我们利用公式（3-4）评估了 SCNO:xEu^{3+} 的色纯度。对于 SCNO:0.3Eu^{3+}，这些坐标值分别为（0.3333，0.3333）、（0.6029，0.3965）和（0.5985，0.3968），计算结果显示其色纯度高达 98.49%。此外，SCNO:xEu^{3+} 的相关色温值可通过公式（3-5）和式（3-6）来计算。不同 Eu^{3+} 浓度下样品的 CIE 色度坐标、CP 以及 CCT 的数据汇总于表 4-2。这些数据表明，SCNO:xEu^{3+} 红色荧光粉在 WLED 和显示器应用中展现出良好的潜力。

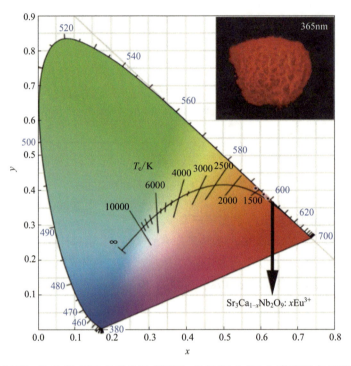

图 4-10　SCNO:xEu^{3+} 的 CIE 色度坐标（插图：SCNO:0.3Eu^{3+} 荧光粉在 365nm 紫外灯下的照片）

表 4-2　SCNO:xEu^{3+} 的 CIE 色度坐标、CP 和 CCT 值

x	CIE 色度坐标	CP/%	CCT/K
0.05	（0.6119，0.3850）	99.53	1774
0.10	（0.6106，0.3861）	99.17	1765
0.15	（0.6086，0.3878）	98.60	1752
0.20	（0.6055，0.3905）	99.06	1736

x	CIE 色度坐标	CP/%	CCT/K
0.25	(0.6020, 0.3936)	99.44	1723
0.30	(0.5985, 0.3968)	98.49	1715
0.35	(0.5937, 0.4010)	98.55	1713
0.40	(0.5874, 0.4067)	98.26	1723

4.2.3 $Sr_3CaNb_2O_9:Eu^{3+}$ 的应用

为了深入验证 SCNO:Eu^{3+} 荧光粉在 WLED 领域的适用性，进行了进一步探索。具体而言，将 SCNO:0.3Eu^{3+} 荧光粉与市售的蓝色荧光粉（$BaMgAl_{10}O_{17}:Eu^{2+}$）和绿色荧光粉（$Ba_2SiO_4:Eu^{2+}$）按照特定比例混合，并将混合物涂覆于 395nm 的 n-UV LED 芯片上，从而制作出 WLED 器件。其电致发光光谱如图 4-11 所示，在 400mA 电流和 3.37V 电压的驱动下，该 LED 器件发出明亮的白光（插图）。其色度坐标（0.369，0.380）与标准白光坐标（0.333，0.333）十分接近，同时展现出适宜的色温（CCT 值为 4343K）和卓越的显色指数（CRI 值为 91.1）。这些结果有力地证明了 SCNO:Eu^{3+} 荧光粉在推动 WLED 红色发光组分发展方面的巨大潜力。

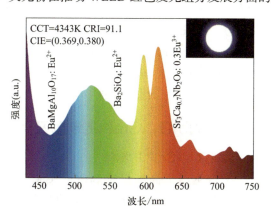

图 4-11 制作的 WLED 的电致发光光谱（插图：WLED 器件照片）

4.2.4 小结

本节成功合成了 $Sr_3CaNb_2O_9:Eu^{3+}$ 复合钙钛矿荧光粉，并对其微观结构特征、能带结构、态密度分布、光致发光性能、浓度猝灭效应以及热稳定性进行了深入研究。在 394nm 的近紫外光激发下，随着 Eu^{3+} 掺杂量的增加，荧光粉的光谱实现了从橙色到红色的可调发光，且红色（对应于 $^5D_0 \rightarrow {}^7F_2$ 跃迁）与橙色（对应于 $^5D_0 \rightarrow {}^7F_1$ 跃迁）发光强度的比值显著提升。通过对 $Sr_3CaNb_2O_9$ 能带结构的理论计算，我们发现它属于直接带隙材料，带隙宽度为 3.057eV，而 SCNO:0.25Eu³⁺ 的带隙则拓宽至 3.495eV，基质材料的吸收主要源自 $[NbO_6]$ 八面体结构。在 420K 的高温下，荧光粉的发射强度仍能保持室温（300K）下的约 72.5%，同时展现出高达 85.57% 的量子产率。最终，我们将 SCNO:0.3Eu³⁺ 荧光粉与商用荧光粉按一定比例混合，利用 395nm 的紫外 LED 芯片成功制备了色度坐标为（0.369，0.380）、相关色温为 4343K 的 WLED 器件。这些研究成果充分证明了 $Sr_3CaNb_2O_9$:Eu³⁺ 荧光粉在 WLED 领域的应用潜力。

4.3 $(Sr_{3-y}Ca_y)Ca_{1-x}Nb_2O_9$:$x$Sm³⁺ 的发光性能与应用

钐（Sm），元素符号为 Sm，原子序数 62，相对原子质量约为 150.4，是一种硬度适中的银色金属。在空气中，钐会逐渐发生氧化反应。作为典型的镧系元素之一，钐最常见的化合态是正三价。在地壳中，钐的丰度相对较高，是第五丰富的镧系元素，仅次于铈、钕、镧和镨，同时也是地壳中含量第 40 高的元素，比一些常见的金属如锡更为丰富。Sm³⁺ 的光谱特性尤为突出，其激发光谱在 340～580nm 范围内展现出一系列激发峰，这些峰位于近紫外至蓝光区域，与 GaN 基近紫外发光芯片具有较高的光谱匹配性。在受到适当的激发能量后，Sm³⁺ 会在可见光谱区域发出荧光，其发射光谱与 Eu³⁺ 相似，主要集中在红光区域，主峰通常位于 600nm 附近。由于 Sm³⁺ 的这一独特光谱特性，它常被用作红色荧光粉的掺杂剂，以提升荧光材料的红光发射性能。这一应用使得 Sm³⁺ 在照明、显示技术以及其他需要红色荧光材料的领域中具有潜在的重要价值。

4.3.1 $(Sr_{3-y}Ca_y)Ca_{1-x}Nb_2O_9$:$x$Sm³⁺ 的制备及微观结构

（1）$(Sr_{3-y}Ca_y)Ca_{1-x}Nb_2O_9$:$x$Sm³⁺ 的制备

在大气环境下，我们使用了高纯度的 $SrCO_3$、$CaCO_3$、Nb_2O_5 和 Sm_2O_3 原料，按照 4.2.1 节的方法和步骤在 1400℃煅烧 6h 成功合成了 $Sr_3Ca_{1-x}Nb_2O_9$:xSm³⁺（x=0.01，0.02，0.03，0.04，0.05）和 $Sr_{3-y}Ca_{0.97}Sm_{0.3}Nb_2O_9$:$y$Ca²⁺（$y$=0，0.5，1，1.5，2，2.5，3）粉末。样品的反应方程式如下：

$$3SrCO_3 + (1-x)CaCO_3 + Nb_2O_5 + \frac{x}{2}Sm_2O_3 \longrightarrow Sr_3Ca_{1-x}Sm_xNb_2O_9 + CO_2 \uparrow \quad (4\text{-}3)$$

$$(3-y)SrCO_3 + (y+0.97)CaCO_3 + Nb_2O_3 + 0.15Sm_2O_3 \longrightarrow \\ Sr_{3-y}Ca_yCa_{0.97}Sm_{0.03}Nb_2O_9 + CO_2 \uparrow \quad (4\text{-}4)$$

为简化下面的描述，化学式简写如下：$Sr_3CaNb_2O_9$=SCNO，$Sr_3Ca_{1-x}Nb_2O_9$:xSm³⁺= SCNO:xSm³⁺，$Sr_3Ca_{0.97}Sm_{0.03}Nb_2O_9$=SCSNO，$Sr_{3-y}Ca_{0.97}Sm_{0.03}Nb_2O_9$:$y$Ca²⁺=

SCSNO:yCa^{2+}。

（2）$(Sr_{3-y}Ca_y)Ca_{1-x}Nb_2O_9:xSm^{3+}$ 的物相

图4-12（a）展示了 SCNO:xSm^{3+} 荧光粉的 XRD 衍射图谱。与 JCPDS 卡片（编号 04-001-7765）比对后，我们发现这些衍射峰与纯 Sr$_3$CaNb$_2$O$_9$ 的衍射峰高度一致，证实了 SCNO 纯相的成功合成。同时，微量的 Sm^{3+} 掺杂并未对 SCNO 的晶体结构产生显著影响。进一步观察 SCNO:xSm^{3+} 荧光粉的光谱图，我们发现随着掺杂离子含量的增加，主 XRD 衍射图谱的峰值逐渐向高角度（2θ 角增大）偏移。这一现象可根据布拉格衍射定律 $2d\sin\theta=n\lambda$ 解释，即由于较大的 Ca^{2+}（半径 1.00Å）被较小的 Sm^{3+}（半径 0.96Å）取代，导致晶面间距减小，进而使得 θ 角增大，衍射峰位置右移。

图4-12（b）则呈现了 Sr$_{3-y}$Ca$_{0.97}$Sm$_{0.03}$Nb$_2$O$_9$:yCa^{2+}（$y=0$，0.5，1，1.5，2，2.5，3）的 XRD 衍射图谱。当 $y\leqslant1.5$ 时，这些图谱与 Sr$_3$CaNb$_2$O$_9$ 的 JCPDS 标准卡片高度匹配，未出现杂质峰，表明 Ca^{2+} 已成功掺入 Sr$_3$Ca$_{0.97}$Nb$_2$O$_9$:0.03Sm^{3+} 中。然而，当 $y>1.5$ 时，图谱中出现了新的衍射峰，与 Ca$_4$Nb$_2$O$_9$（JCPDS 卡片编号 97-005-01311）的衍射峰完全吻合，表明生成了新物质。此外，我们还对 SCNO:Sm^{3+} 晶体结构的晶格参数进行了深入研究，并利用 Jade 软件对优化后样品的晶格参数进行了精确校正。

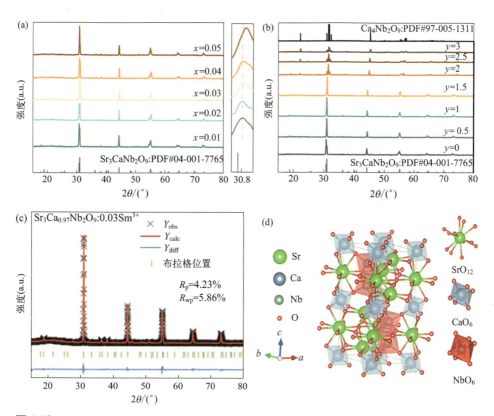

图 4-12

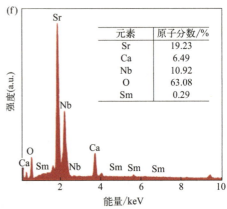

元素	原子分数/%
Sr	19.23
Ca	6.49
Nb	10.92
O	63.08
Sm	0.29

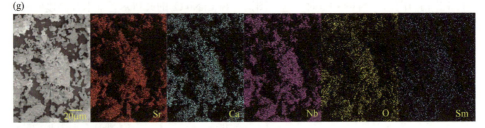

图 4-12　（a）SCNO:xSm^{3+} 的 XRD 衍射图和 30.66°～30.96°范围内放大的 XRD 衍射图；（b）SCSNO:yCa^{2+} 的 XRD 衍射图；（c）SCNO:0.03Sm^{3+} 的 XRD 精修图；（d）Sr$_3$CaNb$_2$O$_9$ 的晶体结构；（e）SCNO:0.03Sm^{3+} 的 SEM 图；（f）SCNO:0.03Sm^{3+} 的 EDS 图，插图为 SCNO:0.03Sm^{3+} 相应的元素含量原子百分比；（g）样品中 Sr、Ca、Nb、O 和 Sm 的元素分布图

图 4-12（c）展示了 SCNO:0.03Sm^{3+} 样品的 Rietveld 精修结果。可以看出，精修结果与实验测量值高度一致，未观察到任何额外的第二相存在。在利用 Jade 软件进行 XRD 衍射图谱精修时，精修可靠性因子（简称为 R 值）是衡量精修质量的重要标准。本例中，R 值达到 5.86%，远低于 10%，从而验证了精修结果的可靠性。此外，图 4-12（d）描绘了 Sr$_3$CaNb$_2$O$_9$ 的晶体结构，并展示了 Sr^{2+}、Ca^{2+} 及 Nb^{5+} 的配位情况，具体结构组成情况见 4.2 节。该晶体的晶格参数为：a=5.765Å，b=5.765Å，c=14.29Å，$α$=$β$=90°，$γ$=120°，晶胞体积 V=411.303Å^3。当配位数 CN=12 时，Sr^{2+} 的离子半径为 1.44Å，Sm^{3+} 的离子半径为 1.24Å。当 CN=6 时，Ca^{2+} 的离子半径为 1.00Å，Sm^{3+} 的离子半径为 0.96Å，Nb^{5+} 的离子半径为 0.64Å。稀土离子的掺杂取代情况可以通过分析掺杂离子与取代离子间的离子半径差异来进一步确认。具体地，我们使用以下公式来计算半径的差异百分比（D_r）[17]：

$$D_r = \frac{R_h(CN) - R_d(CN)}{R_h(CN)} \tag{4-5}$$

式中，CN 为离子的配位数；$R_h(CN)$ 为基质中主体阳离子的半径；$R_d(CN)$ 为掺杂离子的半径。利用公式（4-5）计算 Sm^{3+} 和 Ca^{2+} 的 D_r 为 4%，而 Sm^{3+} 和 Sr^{2+} 的 D_r 为 13.9%。这表明 Sm^{3+} 会优先取代基质中的 Ca^{2+}。

（3）$(Sr_{3-y}Ca_y)Ca_{1-x}Nb_2O_9:xSm^{3+}$ 的 SEM 和 EDS

图 4-12（e）展示了在 1400℃下烧结 6h 的 SCNO:0.03Sm³⁺ 样品的 SEM 图像，放大尺度分别为 10μm 和 5μm。这些图像清晰地揭示了高温退火处理后，荧光粉呈现出不规则形态并伴有显著的团聚特征。值得注意的是，该粉末由微米级颗粒构成，展现出尺寸与密度的均匀性。此类微米级颗粒对于 LED 应用尤为适宜，因为荧光粉颗粒的大小对于提升固态照明器件的发光效能至关重要。

此外，图 4-12（f）呈现了 SCNO 掺杂 SCNO:0.03Sm³⁺ 的 EDS 能谱。可观察到 Sr、Ca、Nb、O 及 Sm 元素的显著峰值，这证明了它们在颗粒表面的存在及其分布情况。具体而言，样品中 Sr、Ca、Nb、O、Sm 的原子比例约为 28.95：6.695：17.94：45.97：0.445，与其化学式所表示的化学成分高度一致。如图 4-12（g）所示，EDS 分析进一步确认了所有预期元素的存在，并且这些元素在整个样品中均匀分布。

（4）$(Sr_{3-y}Ca_y)Ca_{1-x}Nb_2O_9:xSm^{3+}$ 的 XPS

在 XPS 分析中，我们采用了位于 284.8eV 处稳定且特征明显的 C 1s 峰作为能量校准的参照点，并选定 SCNO:0.03Sm³⁺ 样品作为代表。图 4-13（a）展示了该样品的 XPS 全谱，覆盖了 0～1200eV 的能量范围。通过对峰值的细致分析，检测到了 Sr、Ca、Nb、O 及 Sm 元素的存在，这为 Sm³⁺ 在 SCNO 晶格中的有效取代提供了实验依据。具体而言，Sr 3d 光谱在约 134.80eV 和 133.10eV 处呈现双峰，分别对应于 Sr²⁺ 的 ³d₃/₂ 和 ³d₅/₂ 轨道能级。类似地，Ca 2p 光谱在 356.98eV 和 344.92eV 处展现双峰，而 Nb 3d 光谱则在 206.63eV 和 209.33eV 处呈现双峰，分别归属于

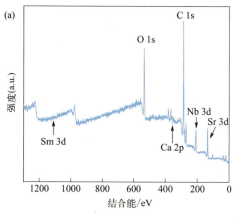
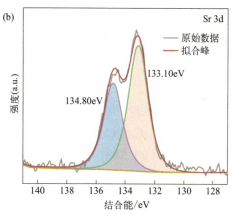

图 4-13

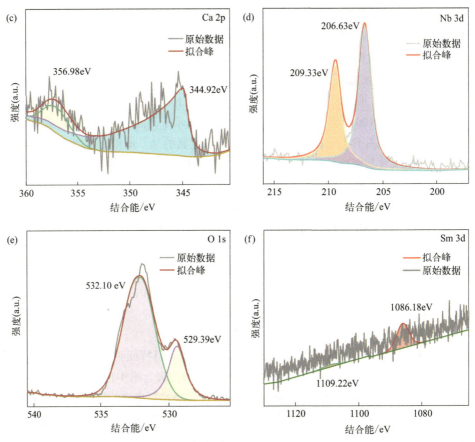

图 4-13 （a）SCNO:0.03Sm³⁺ 的 XPS 图；（b）Sr 3d 轨道、（c）Ca 2p 轨道、（d）Nb 3d 轨道、（e）O 1s 轨道和（f）Sm 3d 轨道的精细谱

Nb⁵⁺ 的 ³d$_{5/2}$ 和 ³d$_{3/2}$ 轨道能级。O 1s 光谱呈现不对称形态，可分解为两个峰：位于 529.39eV 的峰与晶格氧相关，而位于 532.10eV 的峰则代表吸附氧。最终，Sm 3d 光谱在大约 1086.18eV 和 1109.22eV 处展现出特征峰，分别源自 Sm³⁺ 的 ³d$_{5/2}$ 和 ³d$_{3/2}$ 轨道能级。

4.3.2 (Sr$_{3-y}$Ca$_y$)Ca$_{1-x}$Nb$_2$O$_9$:xSm³⁺ 的发光性能

（1）(Sr$_{3-y}$Ca$_y$)Ca$_{1-x}$Nb$_2$O$_9$:xSm³⁺ 的光致发光特性

图 4-14（a）展示了在 648nm 波长监测下，SCNO:xSm³⁺ 荧光粉的激发光谱。所有光谱的峰值位置保持一致，但发射强度有所差异，这表明它们遵循相同的发光原理。值得注意的是，406nm 波长处出现了一个显著的激发峰，表明该荧光粉可以被近紫外光有效激发。在 350～500nm 范围内，我们观察到了六个不同的峰

值，分别位于 365nm、378nm、406nm、420nm、440nm 和 468nm，这些峰值对应于 Sm^{3+} 的 f-f 跃迁，具体是从 $^6H_{5/2}$ 能级向 $^4D_{3/2}$、$^4P_{7/2}$、$^4P_{3/2}$、$^4P_{5/2}$、$^4G_{9/2}$ 和 $^4I_{11/2}$ 能级的跃迁。图 4-14（b）则描述了在 406nm 波长激发下，SCNO:xSm^{3+} 荧光粉在 550～750nm 波长范围内的发射光谱。在这些光谱中，我们发现了四个发射峰，分别位于 565nm、601nm、648nm 和 708nm，这些峰值均归因于 Sm^{3+} 的跃迁。特别值得一提的是，与其他 Sm^{3+} 掺杂的荧光粉相比，SCNO:xSm^{3+} 荧光粉在大约 648nm 处展现出了更高的发射强度，这一峰值对应于 Sm^{3+} 的 $^4G_{5/2} \rightarrow {}^6H_{9/2}$ 跃迁所产生的红色发射。这一独特的发射特性使其具有促进植物生长的潜力，为农业应用提供了新的理论依据。

相比之下，位于 563nm 和 601nm 的峰值相对较弱，它们分别源自 Sm^{3+} 的 $^4G_{5/2} \rightarrow {}^6H_{5/2}$ 跃迁和 $^4G_{5/2} \rightarrow {}^6H_{7/2}$ 跃迁。如图 4-14（b）所示，随着掺杂浓度 x 的增加，荧光粉的发射强度呈现上升趋势，并在 $x=0.03$ 时达到最大值，这表明 SCNO:xSm^{3+} 荧光粉的掺杂浓度达到了最优值。一旦超过此浓度，就会引发浓度猝灭效应，导致发光强度逐渐减弱。

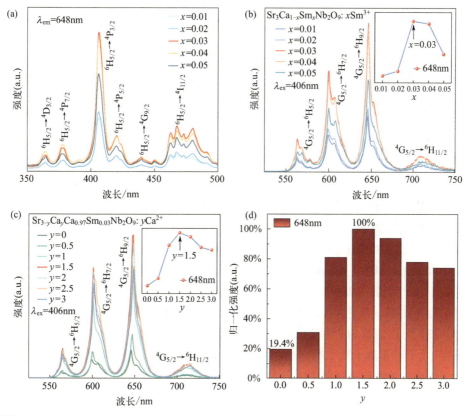

图 4-14

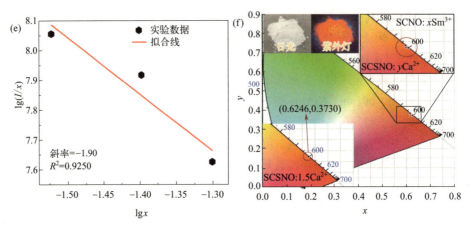

图 4-14 （a）SCNO:xSm^{3+} 的激发光谱；（b）SCNO:xSm^{3+} 的发射光谱（插图：发射强度随掺杂浓度 x 的变化）；（c）SCSNO:yCa^{2+} 的发射光谱（插图：发射强度随掺杂浓度 y 的变化）（d）SCSNO:yCa^{2+} 的发射强度归一化；（e）SCNO:xSm^{3+} 的 lg(I/x) 与 lg$x$ 的线性拟合；（f）SCNO:xSm^{3+} 和 SCSNO:yCa^{2+} 的 CIE 色度坐标图

图 4-14（c）展示了在 406nm 激发下，SCSNO:yCa^{2+}（y=0，0.5，1，1.5，2，2.5，3）荧光粉的发射光谱。从图中可以清晰看出，改变基质中 Sr 与 Ca 的比例并未改变光谱的形状和位置，四个发射峰依旧位于 565nm、601nm、648nm 和 708nm，其中 648nm 的峰值强度最高。值得注意的是，随着 Ca^{2+} 掺杂浓度的增加，SCSNO:yCa^{2+} 荧光粉的发光强度逐渐增强，如图 4-14（c）所示。这一结果表明，Ca^{2+} 的掺杂对荧光粉的发光性能具有积极影响。具体来说，当 Ca^{2+} 掺杂浓度达到 y=1.5 时，荧光粉的发光强度达到峰值。然而，当掺杂浓度 y 超过 1.5 时，发光强度开始呈现下降趋势。图 4-14（d）展示了 SCSNO:yCa^{2+} 荧光样品的归一化发光强度，进一步确认了 y=1.5 是 SCSNO:yCa^{2+} 荧光粉的最佳 Ca^{2+} 掺杂浓度，其最大发光强度是未掺杂 Ca^{2+} 的 Sr$_3$Ca$_{0.97}$Nb$_2$O$_9$:0.03Sm^{3+} 荧光粉的 5.15 倍。Ca^{2+} 的引入导致了适当的晶格畸变，有效地打破了 Sm^{3+} 的禁跃限制，从而显著提升了发光强度。这表明，在 Sr$_3$CaNb$_2$O$_9$ 中适量掺入 Ca^{2+} 可以大幅度提高发光性能。

在发光材料中，当 Sm^{3+} 的掺杂浓度超过最佳值时，会发生浓度猝灭现象。这是由于 Sm^{3+} 间的多极相互作用增强，导致非辐射跃迁概率增加，进而降低辐射跃迁的发光效率。为了深入理解离子间的相互作用强度以及荧光粉中的能量传递机制，我们可以估算 Sm^{3+} 间的临界距离（R_c），通过公式（3-7），其体积（V）、临界浓度（x_c）和阳离子数（Z）分别为 411.303Å^3、0.03 和 2，计算表明 R_c 超过了 5Å。为了明确在浓度猝灭现象中哪种多极相互作用起主导作用，需利用公式（3-8）和式（3-9）进行深入计算。图 4-14（e）展示了 lg$x$ 与 lg(I/x) 之间的线性拟合关系图。结果显示，拟合直线的斜率为 -1.9，计算得到的 Q 值为 5.7，这一数值非常接近 6。

因此，在 $Sr_3CaNb_2O_9$ 基质中，导致 Sm^{3+} 发射浓度猝灭的主要机制是偶极 - 偶极相互作用。

SCNO:xSm^{3+} 和 SCSNO:yCa^{2+} 的 CIE 色度坐标图见图 4-14（f）。SCSNO:1.5Ca^{2+} 的色度坐标为（0.6246，0.3730）。从图中可以看出，SCSNO:xSm^{3+} 和 SCSNO:yCa^{2+} 的色度坐标也集中在这一区域，而且随着掺杂浓度 x 和 y 的变化，色度坐标也相对稳定。

(2) (Sr$_{3-y}$Ca$_y$)Ca$_{1-x}$Nb$_2$O$_9$:xSm^{3+} 的 J-O 理论

根据以往的研究，可以从发射光谱中识别出电偶极子跃迁和磁偶极子跃迁的光谱线，并计算出电偶极子跃迁和磁偶极子跃迁的概率。该概率与 J-O 强度参数之间存在数学关系，可用于求解 J-O 强度参数。通常情况下，掺杂 Sm^{3+} 材料的发射光谱主要由 $^4G_{5/2} \rightarrow {}^6H_J$（$J$=5/2、7/2、9/2、11/2）的跃迁组成。其中，$^4G_{5/2} \rightarrow {}^6H_{5/2}$ 跃迁属于磁偶极跃迁，而 $^4G_{5/2} \rightarrow {}^6H_{7/2}$ 和 $^4G_{5/2} \rightarrow {}^6H_{9/2}$ 跃迁则对应于电偶极跃迁。这里，电偶极子跃迁概率可以用式（4-6）来表示。磁偶极子跃迁概率，可以用式（4-7）表示。

$$A_{J \rightarrow J'}^{ed} = \frac{64\pi^4 v^3 e^2}{3h(2J+1)} \frac{n(n^2+2)^2}{9} \Omega_\lambda \langle \psi J \parallel U^\lambda \parallel \psi J' \rangle^2 \tag{4-6}$$

$$A_{J \rightarrow J'}^{md} = \frac{64\pi^4 v^3}{3h(2J+1)} n^3 S_{md} \tag{4-7}$$

在 J-O 理论中，电偶极子跃迁概率（A_{ed}）与磁偶极子跃迁概率（A_{md}）之比可用来估计 J-O 强度参数 Ω_λ[18]：

$$\frac{A_{ed}}{A_{md}} = \frac{\int I_{ed}(v)dv}{\int I_{md}(v)dv} = \frac{e^2}{S_{md}} \frac{v_{ed}^3}{v_{md}^3} \frac{(n^2+2)^2}{9n^2} \sum_\lambda \Omega_\lambda \langle {}^4G_{5/2} \parallel U^\lambda \parallel {}^6H_J \rangle^2 (\lambda = 2, 4, 6)$$

$$\tag{4-8}$$

对式（4-8）中的发射光谱进行积分与对比分析，可以得出等式的左侧值。而等式的右侧，除了待求的振子强度 Ω_λ 外，其余参数均为已知量。因此，基于掺杂有 Sm^{3+} 的材料的发射光谱数据，我们就可以求解出振子强度 Ω_λ 的具体数值。振子强度 Ω_λ 的计算公式见式（4-9），而具体的计算结果则展示在表 4-3 中。

$$\Omega_\lambda = \frac{S_{md}}{e^2} \left(\frac{v_{md}}{v_{ed}} \right)^3 \frac{9n^2}{(n^2+2)^2} \frac{1}{\langle {}^4G_{5/2} \parallel U^\lambda \parallel {}^6H_J \rangle^2} \frac{\int I_{ed}(v)dv}{\int I_{md}(v)dv} \tag{4-9}$$

从表 4-3 可以看出，在 Ca^{2+} 掺杂量 y 达到 1.5 之前，J-O 参数 Ω_2 的值随 y 的增加而逐渐增大，这反映出 Ca^{2+} 的掺杂降低了 Sm^{3+} 周围环境的对称性。主要是因为 Ca^{2+} 与 Sr^{2+} 在电荷、半径或电子云分布方面存在差异，这些差异共同导致了局部环境对称性的下降。因此，掺杂不同尺寸的金属阳离子有助于打破 Sm³⁺ 的禁带，进一步降低材料的对称性，从而提升 Sm³⁺ 的辐射跃迁概率[18]。然而，当 y 继续增加时，J-O 参数 Ω_2 会呈现减小趋势，这是因为基质材料逐渐转变为 Ca₄Nb₂O₉，使得局部环境的对称性有所提高。同时，当 y 超过 1.5 后，大量的 Ca 取代 Sr 会导致缺陷能级的产生，这些缺陷能级会捕获激发电子，进而削弱发光强度。此外，由于 Sm³⁺ 的半径大于 Sr²⁺ 和 Ca²⁺，大量的 Ca 取代会阻碍 Sm³⁺ 激活剂的占据，同样会降低发光强度[19]。这一规律与发射光谱的表现完全吻合。

此外，荧光分支比（$\beta_{0\text{-}J}$）的计算依据来自式（4-10），这里表示从 $^4G_{5/2}$ 能级跃迁到 ^6H_J 能级的概率占比，可以通过以下公式计算获得：

$$\beta_{0\text{-}J} = \frac{A_{0\text{-}J}}{\sum_{J=5/2,7/2,9/2,11/2} A_{0\text{-}J}} \tag{4-10}$$

借助 J-O 理论和相关的 J-O 参数，我们能够进一步计算出 Sm³⁺ 的辐射跃迁概率以及荧光分支比，详细的计算结果已被整理在表 4-4 中。通过观察表 4-4，我们可以发现，在 $^4G_{5/2} \rightarrow {}^6H_{9/2}$ 的能级跃迁过程中，辐射跃迁概率达到了最大值，这意味着理论上的荧光材料在这一跃迁点上展现出最强的发射能力，这一发现与实际观测到的发射光谱数据相吻合。

表4-3　不同掺杂浓度下的 J-O 强度参数

y	$\Omega_2/10^{-20}\text{cm}^3$	$\Omega_4/10^{-20}\text{cm}^3$	$\Omega_6/10^{-20}\text{cm}^3$
0	0.30	0.51	1.70
0.5	0.36	0.60	2.00
1	0.42	0.71	2.37
1.5	0.46	0.76	2.56
2	0.39	0.66	2.21
2.5	0.37	0.62	2.07
3	0.36	0.59	1.99

表4-4　SCSNO:1.5Ca²⁺ 的辐射跃迁概率和荧光分支比

跃迁	跃迁概率 /s⁻¹	分支比 /%
$^4G_{5/2} \rightarrow {}^6H_{5/2}$	54.6	15.6
$^4G_{5/2} \rightarrow {}^6H_{7/2}$	133.7	38.1
$^4G_{5/2} \rightarrow {}^6H_{9/2}$	150.1	42.6
$^4G_{5/2} \rightarrow {}^6H_{11/2}$	12.7	3.6

（3）(Sr$_{3-y}$Ca$_y$)Ca$_{1-x}$Nb$_2$O$_9$:xSm^{3+} 的热稳定性

我们对 SCNO:Sm^{3+} 和 SCSNO:Ca^{2+} 荧光粉进行了热稳定性测试，测试温度范围为 298～473K。图 4-15（a）和（b）分别展示了在 406nm 激发下，SCNO:Sm^{3+} 与 SCNO:Ca^{2+} 荧光体在该温度区间内的变温发射光谱。观察发现，随着温度的逐渐升高，荧光粉的各个发射峰强度逐渐减弱，但主发射峰的位置并未发生改变。图 4-15（c）和（d）分别展示了各发射峰归一化强度随温度的变化情况，与601nm 和 648nm 处的发射峰相比，565nm 处的发射峰强度随温度变化的波动更为平缓，这可能预示着该荧光粉在光学温度传感领域的应用潜力。如图 4-15（e）和（f）所示，在 423K 时，SCNO:Sm^{3+} 的发射强度约为室温下的 70.7%，而SCSNO:Ca^{2+} 的发射强度则约为室温下的 73.4%。表 4-5 将这两种荧光粉在 423K 时的发射强度与其他掺杂 Sm^{3+} 的荧光粉进行了对比。对比结果显示，SCNO:Sm^{3+} 和SCSNO:Ca^{2+} 均表现出卓越的热稳定性。

荧光粉的热猝灭活化能 ΔE 可以通过对方程式（3-12）进行线性拟合，根据所得直线的斜率来进行估算。图 4-15（g）展示了 SCNO:Sm^{3+} 荧光粉的 $\ln(I_0/I_T-1)$ 与 $1/(k_BT)$ 之间的线性关系拟合结果，拟合得到的斜率为 −0.185，据此可以推算出

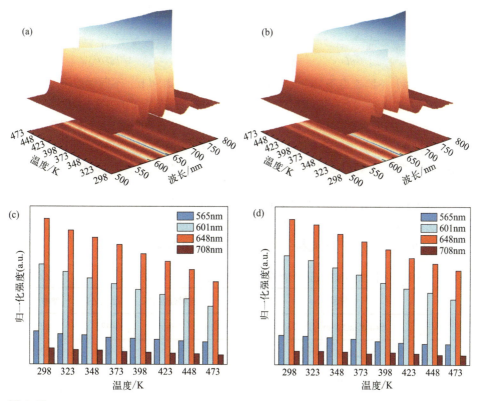

图 4-15

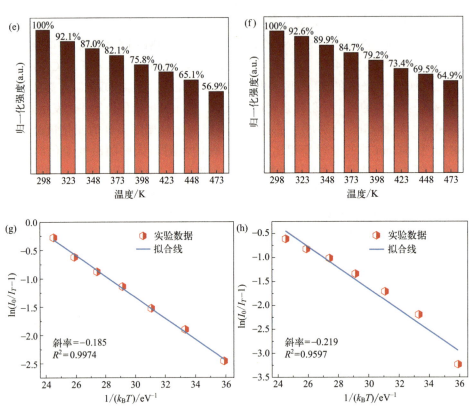

图 4-15 （a）不同温度下 SCNO:0.03Sm^{3+} 的发射光谱；（b）不同温度下 SCSNO: 1.5Ca^{2+} 的发射光谱；（c）SCNO:0.03Sm^{3+} 各发射峰强度随温度的变化；（d）SCSNO: 1.5Ca^{2+} 各发射峰强度随温度的变化；（e）SCNO:0.03Sm^{3+} 不同温度下的发射强度归一化；（f）SCSNO:1.5Ca^{2+} 不同温度下的发射强度归一化；（g）SCNO:xSm^{3+} 的 ln(I_0/I_T-1) 与 1/($k_B T$) 的线性拟合；（h）SCSNO:yCa^{2+} 的 ln(I_0/I_T-1) 与 1/($k_B T$) 的线性拟合

SCNO:0.03Sm^{3+} 荧光粉的热猝灭活化能为 0.185eV。同样地，图 4-15（h）呈现了 SCSNO:1.5Ca^{2+} 荧光粉的 ln(I_0/I_T-1) 与 1/($k_B T$) 之间的线性关系拟合结果，通过拟合我们估计出 SCSNO:Ca^{2+} 荧光粉的热猝灭活化能为 0.219eV。

表 4-5 不同基质材料中掺杂 Sm^{3+} 的热稳定性比较

样品	发射强度 /%	温度 /K	参考文献
Sr$_2$LaGaO$_5$:Sm^{3+}, Dy^{3+}	50.0	425	[20]
Sr$_3$LaTa$_3$O$_{12}$:Sm^{3+}	98.3	480	[21]
NaSrBiTeO$_6$:Sm^{3+}	93.6	423	[22]

样品	发射强度 /%	温度 /K	参考文献
$Li_6CaLa_2Sb_2O_{12}:Sm^{3+}$	61.7	423	[23]
$Li_6SrLa_2Sb_2O_{12}:Sm^{3+}$	67.7	423	[23]
$Ca_2InSbO_6:Sm^{3+}$	127.0	480	[24]
$Ca_2GaNbO_6:Sm^{3+}$	82.8	423	[25]
$Ca_2LaSbO_6:Sm^{3+}$	59.0	423	[26]
$Sr_3CaNb_2O_9:Sm^{3+}$	70.7	423	本工作
$Sr_{1.5}Ca_{0.97}Sm_{0.03}Nb_2O_9:1.5Ca^{2+}$	73.4	423	本工作

随着 Ca^{2+} 取代量的增多，荧光粉的 I_{423K}/I_{298K} 比率从 70.7% 提升至 73.4%，显示出其热稳定性得到了增强。通常而言，晶胞的收缩会提升结构的刚度，因为原子在晶格中的排列会变得更加紧凑。这种优异的结构刚性对荧光粉的性能至关重要，它能促进更有效的荧光产生，抑制光致发光猝灭和其他非辐射弛豫过程，从而提升荧光粉的发光效率和稳定性。在本研究中，由于 Ca 的原子尺寸小于 Sr，因此 Ca 的替代会导致晶格收缩，进而增强荧光粉的结构刚性和热稳定性[27, 28]。

研究表明，SCNO:0.03Sm³⁺ 和 SCSNO:1.5Ca²⁺ 荧光粉具备良好的热稳定性和温度响应特性。当温度从 298K 升至 475K 时，Sm^{3+} 的四个发射峰强度逐渐减弱，但减弱的程度各不相同。为了探索 SCNO:0.03Sm³⁺ 和 SCSNO:1.5Ca²⁺ 荧光粉在光学温度传感领域的应用潜力，我们采用了荧光强度比（如 I_{565}/I_{601}、I_{565}/I_{648}）来进行温度测量。FIR 的拟合方程如式（1-7）所示，相对灵敏度 S_r 和绝对灵敏度 S_a 的定义分别如式（1-8）和式（1-9）所示。

图 4-16 展示了 SCNO:0.03Sm³⁺ 与 SCSNO:1.5Ca²⁺ 荧光粉不同荧光强度比下的 FIR 拟合曲线，以及它们各自的相对灵敏度和绝对灵敏度。通过测量并分析这两种荧光粉在不同温度下的 FIR，我们发现它们均展现出显著的温度敏感性。具体而言，对于 SCNO:0.03Sm³⁺ 荧光粉，I_{565}/I_{601} 与 I_{565}/I_{648} 的 FIR 值对温度变化表现出较高的敏感性，其相对灵敏度 S_r 分别为 3.95%·K⁻¹ 和 1.24%·K⁻¹，绝对灵敏度 S_a 则分别为 1.06%·K⁻¹ 和 0.25%·K⁻¹。同样，SCSNO:1.5Ca²⁺ 荧光粉也表现出较高的温度敏感性，其 S_r 值分别为 3.91%·K⁻¹ 和 5.60%·K⁻¹，S_a 值则分别为 1.29%·K⁻¹ 和 1.27%·K⁻¹。对比表 4-6 中列出的稀土掺杂荧光粉在光学温度传感领域的应用情况，我们可以推断：SCNO:0.03Sm³⁺ 与 SCSNO:1.5Ca²⁺ 荧光粉均具备作为光学温度传感材料的良好潜力。

表 4-6　部分光学温度传感材料的相对灵敏度和绝对灵敏度

样品	温度范围/K	最大 S_r/%·K^{-1}	最大 S_a/%·K^{-1}	参考文献
$Ca_3LiMgV_3O_{12}$:Sm^{3+}	303～513	1.99	9.11	[29]
La_3NbO_7:Sm^{3+}	303～483	1.60	5.379	[30]
Y_4GeO_8:Bi^{3+}, Sm^{3+}	303～513	1.55	2.25	[31]
$Sr_2GdGa_{0.4}Al_{0.6}O_5$:$Bi^{3+}$, Sm^{3+}	303～543	1.22	2.8	[32]
$Cs_2NaBiCl_6$:Er^{3+}	313～573	1.27	1.23	[33]
$Na_2GdMg_2V_3O_{12}$:Sm^{3+}	303～512	2.12	66.5	[34]
$LaNbO_4$:Bi^{3+}, Sm^{3+}	303～483	1.36	0.031	[35]
$Sr_3CaNb_2O_9$:Sm^{3+}	298～473	3.95	1.24	本工作
$Sr_{1.5}Ca_{0.97}Sm_{0.03}Nb_2O_9$:1.5$Ca^{2+}$	298～473	5.60	1.29	本工作

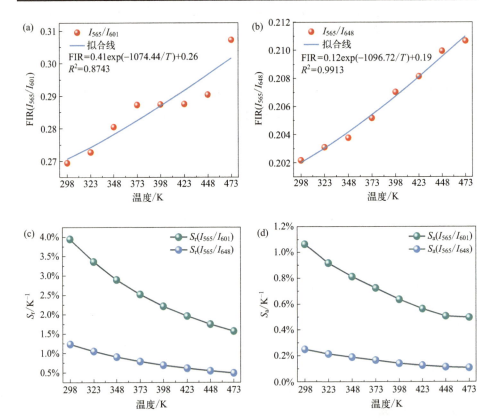

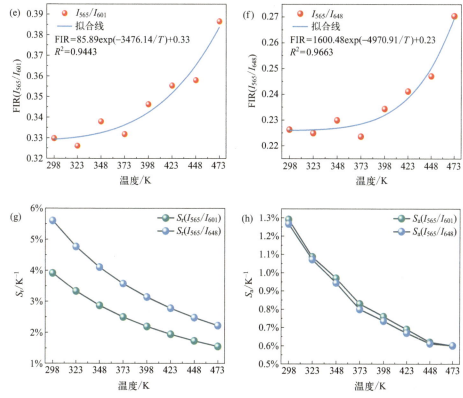

图 4-16 （a），（b）SCNO:0.03Sm³⁺ 的 FIR 值随温度变化的拟合曲线；（c）SCNO: 0.03Sm³⁺ 在不同温度下的 S_r 值；（d）SCNO:0.03Sm³⁺ 在不同温度下的 S_a 值；（e），（f）SCSNO:1.5Ca²⁺ 的 FIR 值随温度变化的拟合曲线；（g）SCSNO:1.5Ca²⁺ 在不同温度下的 S_r 值；（h）SCSNO:1.5Ca²⁺ 在不同温度下的 S_a 值

（4）$(Sr_{3-y}Ca_y)Ca_{1-x}Nb_2O_9{:}xSm^{3+}$ 的荧光寿命和量子产率

量子产率可以通过公式（3-3）进行计算。如图 4-17（b）和（c）所示，经过测量，SCNO:0.03Sm³⁺ 的量子产率为 22.89%，而 SCSNO:1.5Ca²⁺ 的量子产率则高达 48.31%。这一结果表明，通过调整 $Sr_3Ca_{0.97}Sm_{0.03}Nb_2O_9$ 中 Sr^{2+} 与 Ca^{2+} 的比例，荧光粉的量子产率得到了显著提升，增幅约为 2.11 倍。表明 SCSNO:Ca²⁺ 荧光粉在 WLEDs 领域具有广阔的应用潜力。

荧光粉的寿命数据是在 406nm 激发下，监测 648nm 处发射强度获得的。这些数据可通过单指数方程（3-2）进行拟合，拟合结果如图 4-17（d）和（e）所示。具体而言，SCNO:0.03Sm³⁺ 的荧光寿命为 0.753ms，而 SCSNO:1.5Ca²⁺ 的荧光寿命则达到 0.895ms。这表明，随着 Ca^{2+} 取代量的提升，Sm^{3+} 发生辐射跃迁的概率也随之增加。这可能是由于晶胞收缩减少了缺陷数量所导致的。荧光寿命的延长意味着稀土发光材料在高温、高功率等严苛环境下仍能维持优异的发光性能和稳定性。

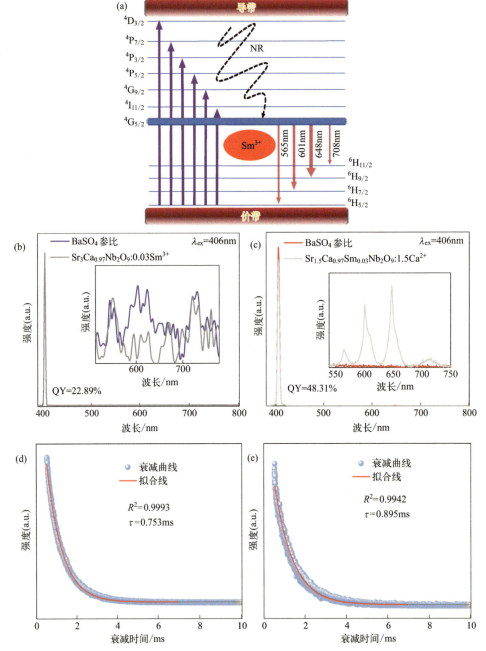

图 4-17 （a）SCNO 中 Sm³⁺ 的能级跃迁图；（b）SCNO:0.03Sm³⁺ 的量子产率（BaSO₄ 作为参比），插图为 525～750nm 处的放大图；（c）SCSNO:1.5Ca²⁺ 的量子产率（BaSO₄ 作为参比），插图为 525～750nm 处的放大图；（d）SCNO:0.03Sm³⁺ 的寿命衰减曲线；（e）SCSNO:1.5Ca²⁺ 的寿命衰减曲线

4.3.3 $(Sr_{3-y}Ca_y)Ca_{1-x}Nb_2O_9:xSm^{3+}$ 的应用

(1) $(Sr_{3-y}Ca_y)Ca_{1-x}Nb_2O_9:xSm^{3+}$ 在白光 LED 中的应用

为了探究橙红色荧光粉在白光发光二极管领域的潜在应用，我们将实验中制备的 SCSNO:1.5Ca^{2+} 荧光粉与市售的绿色荧光粉（$Ba_2SiO_4:Eu^{2+}$）和蓝色荧光粉（$BaMgAl_{10}O_{17}:Eu^{2+}$）按大约 800 : 1 : 1 的比例进行混合，进而制备出 WLED。该 WLED 采用了波长为 400 ~ 405nm 的 LED 紫外线芯片，并封装在电压为 3.2V、电流为 600mA 的电源模块中。实验结果显示，所制备的 WLED 能够发出明亮且色泽均匀的白光，其色温为 4348K，显色指数 Ra 值高达 95.2。此外，如图 4-18（a）所示，电致发光光谱中清晰展现了各荧光粉成分的特征峰，进一步验证了 WLED 的优良性能。

国际照明委员会制定了显色指数（R1 至 R15）这一标准，用于衡量光源对一系列标准色彩的还原能力。图 4-18（b）展示了本文所制备 WLED 的 R1 至 R15 值。其中，R9 指数专注于饱和红色的还原效果，其值越高，表明光源对饱和红色的呈现能力越强。我们特别将 R9 值与其他红色荧光粉及商用 WLED 进行了对比，具体对比结果参见表 4-7。表 4-7 的数据清晰地显示，本文所制备的 WLED 在 Ra 和 R9 值上均表现出色，远超商用 WLED。此外，我们还测量了不同驱动电流下 WLED 的发射光谱，结果如图 4-18（c）所示。值得注意的是，在电流从 100mA 增加至 600mA 的过程中，CCT 和 Ra 均保持了高度的稳定性，同时发射光谱的强度随电流增大而增强。这表明，采用 $Sr_{1.5}Ca_{0.97}Sm_{0.03}Nb_2O_9:1.5Ca^{2+}$ 荧光粉制备的 WLED 在照明领域具有巨大的应用潜力。

表 4-7 与其他红色荧光粉的 Ra 和 R9 值比较

样品	Ra	R9	参考文献
商用红粉	80	15	[36]
$Ca_2InTaO_6:Sm^{3+}$	94	58	[37]
$BaLaGaO_4:Eu^{3+}$	91.9	73	[38]
InP/ZnSe	90	50	[39]
AgInGaS/ZnS	92.1	92	[40]
$CaY_2ZrScAl_3O_{12}:Ce^{3+}$	96.9	98.2	[41]
$Lu_3Al_5O_{12}:Ce^{3+}, Mn^{2+}$	91	37.9	[42]
$Sr_{1.5}Ca_{0.97}Sm_{0.03}Nb_2O_9:1.5Ca^{2+}$	95.2	74.7	本工作

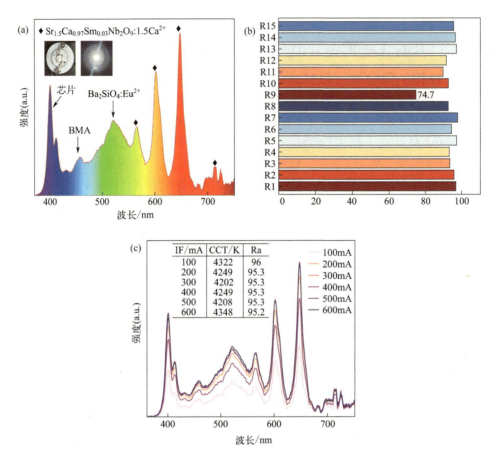

图 4-18 （a）制作的 WLED 的电致发光光谱（插图：WLED 器件照片）；（b）WLED 的 R1 ~ R15 值；（c）在不同驱动电流下 WLED 的发射光谱

（2）$(Sr_{3-y}Ca_y)Ca_{1-x}Nb_2O_9:xSm^{3+}$ 在植物生长灯中的应用

鉴于紫红色发光二极管在植物生长中的潜在应用，我们将发光强度更强的 SCSNO:1.5Ca^{2+} 与 405nm 芯片相结合，制成了紫红色发光二极管，如图 4-19（a）所示。叶绿素 a、叶绿素 b 和植物色素在植物生长过程中发挥着不可或缺的作用。叶绿素 a 负责光合作用和能量转换，叶绿素 b 作为辅助叶绿素提高光合作用效率，而植物色素则通过感光影响植物的生长和发育。图 4-19（a）显示了紫红色 LED 在 600mA、3.2V 电压下的电致发光光谱。图中虚线分别表示植物色素 P_R、P_{FR}、叶绿素 a 和叶绿素 b 的吸收光谱。从图中可以看出，紫红色 LED 的电致发光光谱与叶绿素 a、叶绿素 b、P_R 和 P_{FR} 的吸收光谱有很大的重叠部分。图 4-19（b）显示了紫红色 LED 在 100 ~ 600mA 驱动电流范围内的发射光谱。发射光谱的强度随着电流的增加而逐渐增加，光谱的形状没有变化，648nm 处的发射峰保持稳定。

为了证明基于 SCSNO:Ca²⁺ 荧光粉的红光 LED 器件在植物生长中的实际意义,进行了紫红色 LED 辅助植物生长一周的实验。无患子是一种美丽的观赏植物,同时也具有重要的药用价值。实验选择了无患子的种子。无患子种子被随机分为两组,在相同的条件下进行培育和催芽,一组置于自然光下,另一组置于紫红色 LED 辅助自然光下。生长示意图如图 4-19(c)所示。在接下来的一周里,每天对它们的生长情况进行拍照,并记录相关的生长参数。图 4-19(d)是两组无患子 7 天的生长记录,具有代表性。照射后第 1 天,两组之间出现了生长差异:第 1 组生

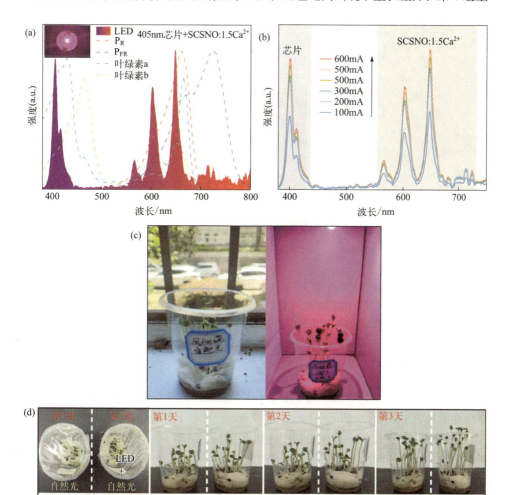

图 4-19

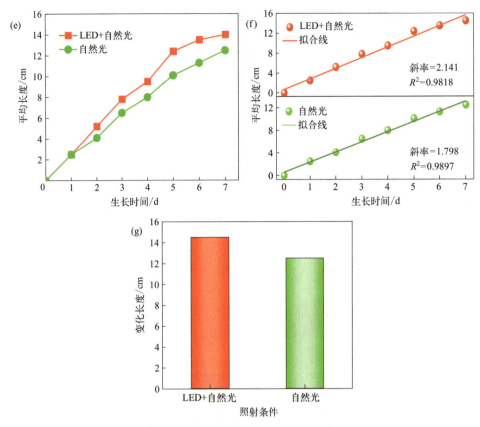

图 4-19 （a）LED 在 600mA 和 3.2V 时的发射光谱以及叶绿素 a、叶绿素 b、P_R 和 P_{FR} 的吸收曲线，插图为 LED 的实物图；（b）100～600mA 范围内的电致发光光谱；（c）两组植物生长光照示意图；（d）无患子分别在自然光、LED+ 自然光照射下的生长状况；（e）不同光照条件下无患子一周平均生长长度的变化；（f）不同光源下无患子生长长度的斜率；（g）不同光照射无患子七天后的长度变化

长较慢，而第 2 组生长较快。到了第 3 天，两组之间的生长差异变得更加明显，第 2 组在紫红色 LED 的帮助下平均生长了 7.8cm，比第 1 组长了 1.5cm。第 5 天，差异更加明显，第 2 组的平均生长长度达到 12.5cm，比第 1 组长 2.4cm。第 7 天，第 2 组的平均生长长度达到 14.5cm，比第 1 组长 2.1cm。无患子一周的平均生长长度数据见图 4-19（e）～（g）。从图 4-19（f）可以看出，补充紫红色 LED 光的无患子斜率较大，生长速度较快。总体而言，经过一周的观察，第 2 组（实验组）补充紫红光的生长速度快于第 1 组（对照组）。此外，还研究了不同光源下碗莲的生长情况，生长图片和相关参数见图 4-20。因此，结果表明，用 SCSNO:1.5Ca²⁺ 荧光粉制备的植物生长照明装置在无患子生长以及碗莲生长的生理周期中促进了植物的生长，验证了其在红光发射促进植物生长领域的重要潜力。

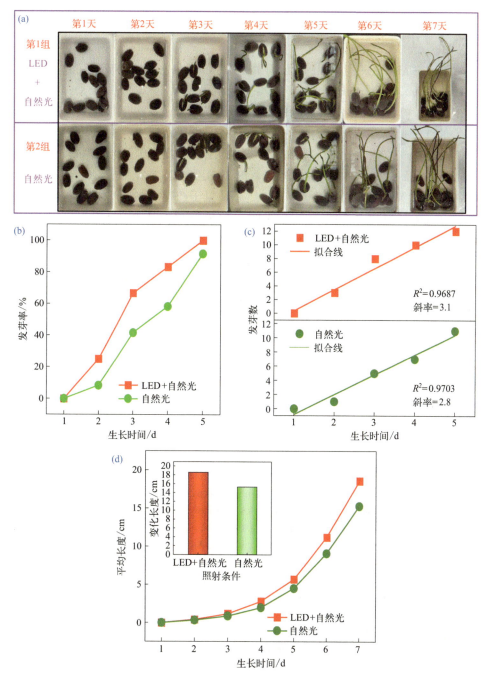

图 4-20 （a）碗莲分别在自然光、LED+自然光照射下的生长状况；（b）碗莲在不同光照条件下的发芽率；（c）碗莲在不同光照条件下的发芽数；（d）碗莲在不同光照条件下七天内的长度变化

4.3.4 小结

综上所述，我们采用高温固相法成功制备了一种新型红色荧光粉 $(Sr_{3-y}Ca_y)Ca_{1-x}Nb_2O_9:xSm^{3+}$。实验证实，$Sm^{3+}$ 已成功掺入 $Sr_3CaNb_2O_9$ 晶格中。$SCNO:xSm^{3+}$ 荧光粉在 406nm 处展现出强烈的吸收峰，激发后能发出以 648nm 为中心的红光光谱，这归因于 Sm^{3+} 的 $^4G_{5/2} \rightarrow \,^6H_{9/2}$ 能级跃迁。当 $Sr_3CaNb_2O_9:Sm^{3+}$ 中的 Sr^{2+} 被 Ca^{2+} 取代时，由于晶格畸变与结构刚性的共同作用，原本禁止的跃迁被打破，从而提升了荧光粉的发光效率和热稳定性。实验结果显示，经过阳离子置换优化的荧光粉发光强度提高了 5.15 倍，量子产率从 22.89% 提升至 48.31%，同时 I_{423K}/I_{298K} 值也从 70.7% 增至 73.4%。此外，我们还基于 FIR 技术研究了 $SCNO:0.03Sm^{3+}$ 和 $SCSNO:1.5Ca^{2+}$ 的温度传感特性，发现最大相对灵敏度 S_r 可达 5.60%，最大绝对灵敏度 S_a 为 1.29%。通过将性能增强的 $SCSNO:Ca^{2+}$ 荧光粉与商用蓝光（$BaMgAl_{10}O_{17}:Eu^{2+}$）和绿光（$Ba_2SiO_4:Eu^{2+}$）荧光粉混合，我们制备出了显色指数 Ra 为 95.2、R9 值为 74.7 的 WLED。实验表明，紫红色 LED 的发射光谱与叶绿素及光敏色素 P_R 的吸收光谱高度匹配，且能在不同驱动电流下稳定工作。这些发现充分表明，$(Sr_{3-y}Ca_y)Ca_{1-x}Nb_2O_9:xSm^{3+}$ 在光学温度传感、WLED 以及植物生长 LED 等领域具有广阔的应用前景。

参考文献

[1] 陈倩. 稀土掺杂铌酸盐荧光粉的光学性能研究[D]. 贵阳：贵州大学，2024.

[2] Shannon R D. Revised effective ionic radii and systematic studies of interatomic distances in halides and chalcogenides[J]. Acta Crystallogr A, 1976, 32（5）：751-767.

[3] Selvalakshmi T, Sellaiyan S, Uedono A, et al. Investigation of defect related photoluminescence property of multicolour emitting G₂O₃:Dy³⁺ phosphor[J]. RSC Advances, 2014, 4（65）：34257-34266.

[4] Rodrigues J E F, Costa R C, Pizani P S, et al. Combining Raman spectroscopy and synchrotron X-ray diffraction to unveil the order types in A₃CaNb₂O₉（A=Ba, Sr）complex perovskite[J]. Journal of Raman Spectroscopy, 2022, 53（7）：1333-1341.

[5] Geng X, Xie Y, Chen S S, et al. Enhanced local symmetry achieved zero-thermal-quenching luminescence characteristic in the Ca₂InSbO₆:Sm³⁺ phosphors for WLEDs[J]. Chemical Engineering Journal, 2021, 410：128396.

[6] Reaney I M, Colla E L C E L, Setter N S N. Dielectric and structural characteristics of Ba-and Sr-based complex perovskites as a function of tolerance factor[J]. Japanese Journal of Applied Physics, 1944, 33（7R）：3984.

[7] Lufaso M W, Woodward P M. Jahn-Teller distortions, cation ordering and octahedral tilting in perovskite[J]. Acta Crystallographica Section B-Structural Science Crystal Engineering and Materials, 2004, 60（1）：10-20.

[8] Carpenter M A, Howard C J. Symmetry rules and strain/order-parameter relationships for coupling

between octahedral tilting and cooperative Jahn-Teller transitions in ABX_3 perovskite. I. Theory[J]. Acta Crystallographica Section B-Structural Science Crystal Engineering and Materials, 2009, 65 (2): 134-146.

[9] Bu X Y, Liu Y G, Chen J. Band structure, photoluminescent properties, and energy transfer behavior of a multicolor tunable phosphor $K_3Lu(PO_4)_2$:Tb^{3+}, Eu^{3+} for warm white light-emitting diodes[J]. Journal of Luminescence, 2022, 251: 119133.

[10] Song Y Y, Guo N, Li J, et al. Photoluminescence and temperature sensing of lanthanide Eu^{3+} and transition metal Mn^{4+} dual-doped antimoniate phosphor through site-beneficial occupation[J]. Ceramics International, 2020, 46: 22164-22170.

[11] Yue C, Zhu D, Yan Q, et al. A red-emitting $Sr_3La_{(1-x)}Eu_x(AlO)_3(BO_3)_4$ phosphor with high thermal stability and color purity for near-UV-excited wLEDs[J]. RSC Advances, 2019, 9 (45): 26364-26372.

[12] De M, Jana S, Mitra S. Structural and spectroscopic characteristics of Eu^{3+} embedded titanium lead phosphate glasses for red luminescence[J]. Solid State Sciences, 2021, 114: 106560.

[13] Jørgensen C K, Reisfeld R. Judd-Ofelt parameters and chemical bonding[J]. Journal of the Less Common Metals, 1983, 93 (1): 107-112.

[14] Zhang Z, Wang L, Yang S, et al. Luminescence properties of a novel promising red phosphor LiY_9 (SiO_4)$_6O_2$:Eu^{3+} [J]. Materials Letters, 2017, 204: 101-103.

[15] Shi Y Z, Cui R R, Gong X Y, et al. A novel red phosphor Ca_2YNbO_6:Eu^{3+} for WLEDs[J]. Luminescence, 2022, 37 (8): 1343-1351.

[16] Zhang Y, Xu J Y, Cui Q Z, et al. Eu^{3+}-doped $Bi_4Si_3O_{12}$ red phosphor for solid state lighting: microwave synthesis, characterization, photoluminescence properties and thermal quenching mechanisms[J]. Scientific Reports, 2017, 7 (1): 42464.

[17] Zhao R L, Guo X, Zhang J, et al. Optical and DFT study of a novel blue-emitting $Gd_7O_6(BO_3)(PO_4)_2$: Bi^{3+} phosphor[J]. Journal of Solid State Chemistry, 2023, 324: 124130.

[18] Li X, Shen X, Lu M, et al. Wide-coverage and efficient NIR emission from single-component nanophosphors through shaping multiple metal-halide packages[J]. Angewandte Chemie International Edition, 2023, 62 (14): e202217832.

[19] Wang Q Y, Yuan P, Wang T W, et al. Effect of Sr and Ca substitution of Ba on the photoluminescence properties of the Eu^{2+} activated $Ba_2MgSi_2O_7$ phosphor[J]. Ceramics International, 2020, 46 (2): 1374-1382.

[20] Zhang Z, Li J, Yang N, et al. A novel multi-center activated single-component white light-emitting phosphor for deep UV chip-based high color-rendering WLEDs[J]. Chemical Engineering Journal, 2020, 390: 124601.

[21] Hu X, Zhang A, Du Y, et al. Orange-red emitting $Sr_3LaTa_3O_{12}$:Sm^{3+} phosphors with perovskite structure and high thermal stability for w-LEDs[J]. Journal of Rare Earths, 2024, 42 (3): 464-472.

[22] Tang R, Yang Y, Yang Y, et al. A novel reddish-orange emitting $NaSrBiTeO_6$:Sm^{3+} phosphor with high moisture resistance and thermostability for horticultural light emitting diode applications. Journal of the American Ceramic Society, 2024, 107 (5): 3012-3027.

[23] Hua Y. Synthesis and photoluminescence properties of reddish-orange $Li_6ALa_2Sb_2O_{12}$:Sm^{3+} (A= Ca and Sr) garnet phosphors[J]. Journal of Molecular Structure, 2024, 1318: 139349.

[24] Geng X, Xie Y, Chen S, et al. Enhanced local symmetry achieved zero-thermal-quenching luminescence characteristic in the Ca_2InSbO_6:Sm^{3+} phosphors for w-LEDs[J]. Chemical Engineering

Journal，2021，410：128396-128406.

[25] Zhang Y Z，Guo X，Zhang M H，et al. A novel highly thermal-stable Ca₂GaNbO₆:Sm³⁺ phosphor with excellent color purity for high CRI wLEDs and security ink[J]. Journal of Alloys and Compounds，2024，1002：175459.

[26] Han B，Ren J，Teng P P，et al. Synthesis and photoluminescence properties of a novel double perovskite Ca₂LaSbO₆:Sm³⁺ phosphor for w-LEDs[J]. Ceramics International，2022，48（1）：971-980.

[27] Wen D，Liu H，Guo Y，et al. Disorder-order conversion-induced enhancement of thermal stability of pyroxene near-infrared phosphors for light-emitting diodes[J]. Angewandte Chemie，2022，134（28）：e202204411.

[28] Liu H，Liang H，Zhang W，et al. Improving the thermal stability and luminescent efficiency of (Ba, Sr)₃SiO₅:Eu²⁺ phosphors by structure，bandgap engineering and soft chemistry synthesis method[J]. Chemical Engineering Journal，2021，410：128367.

[29] Chen J Q，Chen J Y，Zhang W N，et al. Three-mode optical thermometer based on Ca₃LiMgV₃O₁₂:Sm³⁺ phosphors[J]. Ceramics International，2023，49（10）：16252-16259.

[30] Hua Y，Kim J U，Yu J S. Charge transfer band excitation of La₃NbO₇:Sm³⁺ phosphors induced abnormal thermal quenching toward high-sensitivity thermometers[J]. Journal of the American Ceramic Society，2021，104（8）：4065-4074.

[31] Zhang D，Luo Y，Chen J，et al. A dual-mode optical thermometer based on dual-excitation Bi³⁺，Sm³⁺ co-doped Y₄GeO₈ phosphors[J]. Journal of Rare Earths，2024，42（8）：1437-1446.

[32] Qiang K，Yu Y，Ye Y，et al. Multicolor tunable Bi³⁺，Sm³⁺ co-doped Sr₂GdGaO₅ phosphor and its application in optical thermometry[J]. Journal of Materials Chemistry C，2023，11（38）：13074-13084.

[33] Zhu K，Wang Z，Xu H，et al. Development of multifunctional materials based on heavy concentration Er³⁺-activated lead-free double perovskite Cs₂NaBiCl₆[J]. Advanced Optical Materials，2022，10（21）：2201182.

[34] Chen J Y，Li L J，Pang T，et al. Na₂GdMg₂V₃O₁₂:Sm³⁺ phosphors for three-mode optical temperature sensing[J]. Journal of the American Ceramic Society，2023，106（12）：7514-7522.

[35] Xue J，Yu Z，Noh H M，et al. Designing multi-mode optical thermometers via the thermochromic LaNbO₄:Bi³⁺/Ln³⁺（Ln= Eu，Tb，Dy，Sm）phosphors[J]. Chemical Engineering Journal，2021，415：128977.

[36] Zhou L，Su H，Li C，et al. Synthesis and photoluminescence properties of a novel double perovskite NaGdMgTeO₆:Sm³⁺ red-emitting phosphor for plant growth LEDs and w-LEDs[J]. Ceramics International，2023，49（17）：28246-28255.

[37] Chen J X，He D M，Wang W X，et al. A double perovskite structure Ca₂InTaO₆:Sm³⁺ orange-red phosphor with high thermal stability for high CRI WLEDs and plant growth lighting[J]. Journal of Luminescence，2024，265：120252.

[38] Ling-Hu P，Guo X，Hu J，et al. ⁵D₀ → ⁷F₄ transition of Eu³⁺-doped BaLaGaO₄ phosphors for WLEDs and plant growth Applications[J]. Advanced Optical Materials，2024，12（5）：2301760.

[39] Karadza B，Van Avermaet H，Mingabudinova L，et al. Efficient，high-CRI white LEDs by combining traditional phosphors with cadmium-free InP/ZnSe red quantum dots[J]. Photonics Research，2021，10（1）：155-165.

[40] Hu Z，Lu H，Zhou W，et al. Aqueous synthesis of 79% efficient AgInGaS/ZnS quantum dots

for extremely high color rendering white light-emitting diodes[J]. Journal of Materials Science & Technology, 2023, 134: 189-196.

[41] Cao L, Li W, Devakumar B, et al. Full-spectrum white light-emitting diodes enabled by an efficient broadband green-emitting $CaY_2ZrScAl_3O_{12}:Ce^{3+}$ garnet phosphor[J]. ACS Applied Materials & Interfaces, 2022, 14 (4): 5643-5652.

[42] Ling J R, Zhang Y, Yang J, et al. A single-structured LuAG：Ce, Mn phosphor ceramics with high CRI for high-power white LEDs[J]. Journal of the American Ceramic Society, 2022, 105 (9): 5738-5750.

第 5 章

BaLaGaO$_4$:RE^{3+} 的发光
性能与应用

5.1　引言

　　近年来，化学式为 ABCO$_4$ 的荧光材料引起了广泛的研究关注，其中包括 SrLaAlO$_4$:Sm^{3+}[1]、SrLaGaO$_4$:Eu^{3+}[2]、CaYAlO$_4$:Sm^{3+}[3]、BaLaAlO$_4$:Sm^{3+}[4] 等多种材料。镓化合物因其无毒、具有余辉效应以及高稳定性而备受青睐[5]。作为镓化合物的一种，BaLaGaO$_4$（BLGO）同样具备这些优点。此外，BaLaGaO$_4$ 拥有正交晶系，能在高温下保持稳定的晶体结构，这对于荧光基质材料至关重要[6]。这种稳定的晶体结构增强了基质与激活离子之间的结合力，进而使得 ABCO$_4$ 具备出色的热稳定性和化学稳定性，为荧光材料的长期可靠性提供了保障。

5.2　BaLaGaO$_4$:Eu^{3+} 的发光性能与应用

　　Eu^{3+} 掺杂荧光粉的荧光颜色并非固定不变，而是受其所在晶体环境的影响。在具有严格反演中心的晶体格位中，Eu^{3+} 主要以磁偶极跃迁（MD 跃迁）为主，此时发射光谱以橙色为主。然而，当 Eu^{3+} 处于偏离反演中心的格位时，电偶极跃迁（ED 跃迁）占据主导地位，此时发射光谱则以红色为主。因此，Eu^{3+} 掺杂荧光粉可以展现出从橙光到红光的多种发射特性。

5.2.1　BaLaGaO$_4$:Eu^{3+} 的制备及微观结构

（1）BaLaGaO$_4$:Eu^{3+} 的制备

　　本节我们采用高温固相反应技术制备了一系列 BaLaGaO$_4$:xEu^{3+}（BLGO:xEu^{3+}，

x=0，0.05，0.10，0.20，0.30，0.40 和 0.50）荧光粉。制备过程中，使用了 BaCO₃、La₂O₃、Ga₂O₃ 和 Eu₂O₃ 作为原料，具体的称量及研磨步骤详见第 4.2.1 节描述。随后，在空气中于 1300℃ 的温度下进行了 5h 的烧结处理。

化学反应方程式如下：

$$BaCO_3 + \frac{1-x}{2}La_2O_3 + \frac{1}{2}Ga_2O_3 + xEu_2O_3 \longrightarrow BaLa_{1-x}Eu_xGaO_4 + CO_2 \uparrow \quad (5-1)$$

（2）BaLaGaO₄:Eu³⁺ 的物相

图 5-1（a）展示了不同 Eu³⁺ 掺杂浓度的 BLGO:xEu³⁺ 荧光粉的 XRD 衍射图谱与理论标准 XRD 衍射图谱的对比情况。分析结果显示，在 x 小于 0.40 的范围内，样品的衍射峰与标准图谱高度一致，这证实了低浓度掺杂下的样品保持了纯相结构。然而，当 x 提升至 0.40 及以上时，样品中开始检测到微量 BaGa₂O₄ 杂质相，尽管如此，BaLaGaO₄ 依然占据主导地位。据已有文献记载，BaGa₂O₄ 是在 1300 ~ 1400℃ 条件下合成 BaLaGaO₄ 时常出现的副产物[7,8]。鉴于 Eu³⁺ 与 La³⁺ 在原子半径和化合价上的相似性，推测 Eu³⁺ 主要替代了主体晶格中的 La³⁺ 位置。此外，XRD 数据的分析还表明，低量的 Eu³⁺ 掺杂并未对基质的晶体结构造成显著影响。图 5-1（b）展示了 BaLaGaO₄ 的晶体结构，以及 Ba²⁺、La³⁺ 和 Ga³⁺ 在其结构中的配位情况。BaLaGaO₄ 的结构归类为 ABCO₄ 型，具有 $P\,2_12_12_1$ 空间群特性。在此结构中，La³⁺ 被 8 个氧离子包围，构成 [LaO₈] 十二面体配位；Ga³⁺ 则与 4 个氧离子配位，形成 [GaO₄] 四面体；而 Ba²⁺ 虽然理论上应有更高的配位数 9，但由于存在两个非成键配位位置，实际上形成了 [BaO₇] 多面体配位。这些配位多面体以特定的顺序相互连接，构筑成 Ba₄La₄Ga₄O₁₆ 的基本结构单元。BaLaGaO₄ 的晶格参数具体为：a=5.9120Å，b=7.2713Å，c=10.0438Å，且 α、β、γ 角均为 90°，晶胞体积 V=431.7621Å³[8]。Eu³⁺ 的掺杂取代情况可以通过分析掺杂离子与取代离子间

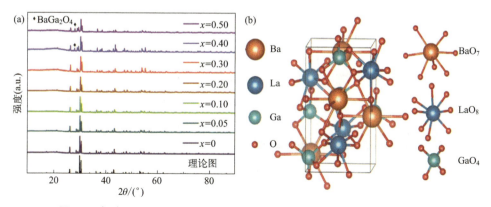

图 5-1 （a）BLGO:xEu³⁺ 的 XRD 衍射图；（b）BaLaGaO₄ 的晶体结构

的离子半径差异来进一步确认。具体地，我们使用公式（4-5）来计算半径的差异百分比（D_r）。对于配位数 CN 为 7 和 8 的情况，Eu^{3+} 的离子半径分别为 1.01Å 和 1.066Å。在 $BaLaGaO_4$ 基质中，Ba^{2+}（$CN=7$）的离子半径为 1.38Å，而 La^{3+}（$CN=8$）的离子半径为 1.16Å。通过计算，我们发现 Ba^{2+}（$CN=7$）与 Eu^{3+}（$CN=7$）之间的半径差异百分比高达 26.8%，而 La^{3+}（$CN=8$）与 Eu^{3+}（$CN=8$）之间的差异仅为 8.1%。此外，考虑到 Eu 和 La 同属镧系元素，具有相似的化学性质，因此 Eu^{3+} 更倾向于占据 La^{3+} 在晶格中的位置。

为了更深入地探究 BLGO:xEu^{3+} 的晶体结构特性，我们采用了 FullProf 精修软件进行细致分析。精修后的结果如图 5-2 所示，从图中可以清晰看出，计算拟合结果与实验测量结果之间保持了良好的一致性。

表 5-1 列出了精修后的结果及相关晶格参数，该表证实了 BLGO:Eu^{3+} 荧光粉的成功合成。此外，随着 Eu^{3+} 的掺入，晶格参数呈现出减小的趋势，这表明 La^{3+} 被 Eu^{3+} 有效地取代。如图 5-2（e）所示，由于 Eu^{3+} 与 La^{3+} 在离子半径上存在微小差异，这种取代导致了晶格参数的细微变化。

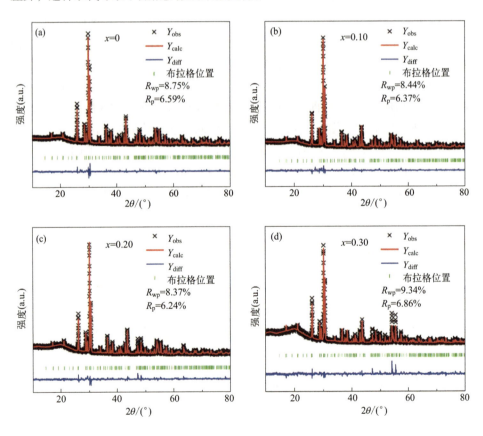

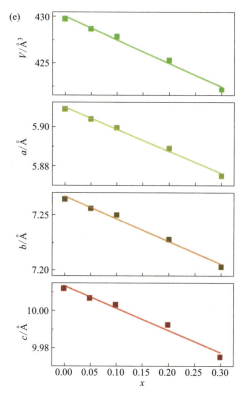

图 5-2 （a）~（d）BLGO:xEu³⁺ 的 XRD 精修图；（e）BLGO:xEu³⁺ 的晶格参数 a、b、c 和晶胞体积 V 的变化

表 5-1　Rietveld 精修结果

x	a/Å	b/Å	c/Å	V/Å³	R_{wp}/%	R_p/%	χ^2
0	5.90921	7.26407	10.01198	429.763	8.75	6.59	1.78
0.05	5.90409	7.25591	10.00678	428.686	7.77	5.92	1.60
0.10	5.89962	7.24994	10.0032	427.857	8.44	6.37	1.90
0.20	5.88920	7.22793	9.99242	425.344	8.37	6.24	1.90
0.30	5.87493	7.20307	9.97497	422.116	9.34	6.86	2.31

（3）BaLaGaO₄:Eu³⁺ 的 SEM 与 EDS

图 5-3（a）展示了在 1300℃ 烧结条件下制备的 BaLaGaO₄:0.30Eu³⁺ 荧光粉的 SEM 图像。该图像揭示，样品由众多大小不一、形态不规则的微米级颗粒团聚而成，颗粒尺寸跨度从数微米至数十微米。在固态照明应用中，颗粒尺寸的优化对于提升发光强度具有关键作用。图 5-3（b）～（g）则呈现了 BLGO:0.30Eu³⁺ 样品的

元素分布，清晰显示出样品中包含了预期的 Ba、La、Ga、O 及 Eu 元素，并且这些元素在颗粒表面实现了均匀分布。

图 5-3 （a）BLGO:0.30Eu³⁺ 的 SEM 图；（b）~（g）BLGO:0.30Eu³⁺ 的元素分布图

图 5-4 所示为样品 BLGO:0.30Eu³⁺ 的 EDS 图谱。从图中可以清晰地看到基质元素和掺杂剂元素的特征峰，这进一步验证了样品中的元素构成。同时，图谱中并未出现其他物质的特征峰，表明样品的纯净度较高。经过测试分析，得出样品中 Ba、La、Ga、O 和 Eu 的原子比例分别为 15.96 ∶ 10.86 ∶ 17.88 ∶ 49.94 ∶ 5.37，这一比例与样品的化学计量组成非常接近。EDS 结果不仅确认了所有预期元素的存在，还表明 Eu³⁺ 已成功掺入 BaLaGaO₄ 晶格中。此外，元素映射图也展示了每种元素在样品中的均匀分布情况，这进一步证实了 Eu³⁺ 的有效掺杂。

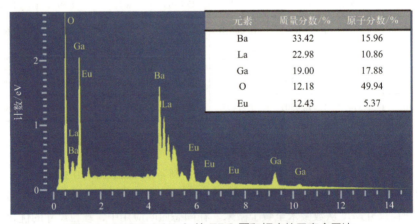

元素	质量分数/%	原子分数/%
Ba	33.42	15.96
La	22.98	10.86
Ga	19.00	17.88
O	12.18	49.94
Eu	12.43	5.37

图 5-4　BLGO:0.3Eu³⁺ 的 EDS 图和相应的元素含量比

（4）BaLaGaO₄:Eu³⁺ 的能带结构和态密度

化合物的发光特性紧密关联于其电子结构特征。我们采用 DFT 对 BaLaGaO₄
的能带结构进行了计算，结果展示在图 5-5（a）中。计算揭示，BaLaGaO₄ 的价带
顶与导带底均定位于 G 点，这标志着该材料具备直接带隙特性。BLGO 的理论带
隙宽度经估算约为 3.886eV。另外，图 5-5（b）呈现了 BaLaGaO₄ 基质主体的总态
密度及部分态密度的分布情况。从 PDOS 中可观察到，VBM 主要由 O 元素的 2p
轨道构成，而 CBM 则主要由 Ba 元素的 4d 轨道和 La 元素的 5d 轨道贡献。这种能
带结构的形成，源于 O 2p 杂化轨道向 Ba 4d 及 La 5d 轨道的电荷转移。因此，光
吸收过程主要归因于从 O²⁻ 到 Ba²⁺ 及从 O²⁻ 到 La³⁺ 的电子跃迁。

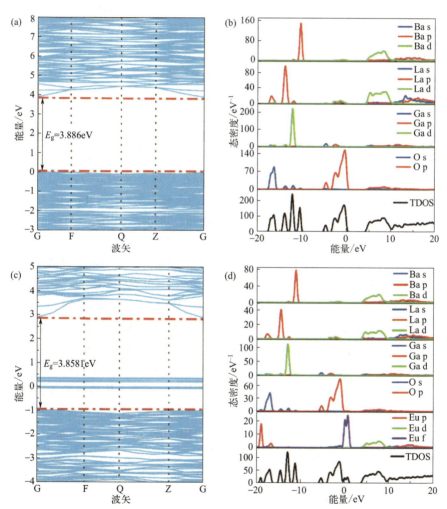

图 5-5 （a）BaLaGaO₄ 的能带结构；（b）BaLaGaO₄ 的 TDOS 和 PDOS；（c）BaLaGaO₄:
0.25Eu³⁺ 的能带结构；（d）BaLaGaO₄:0.25Eu³⁺ 的 TDOS 和 PDOS

为了深入探究 Eu^{3+} 掺杂对 BaLaGaO$_4$ 电子结构的潜在影响，我们构建了一个包含 56 个原子的超胞模型来模拟掺杂后的体系状态，并设定掺杂浓度为 x=0.25，这一浓度接近已知的最佳掺杂水平，以期获得更贴近实际的结果。图 5-5（c）展示了 BaLaGaO$_4$:0.25Eu^{3+} 的能带结构，其中可以明显观察到，在价带与导带之间出现了源于 Eu^{3+} 的 4f 能级结构。当电子在这些 4f 能级间发生跃迁时，会以光的形式释放出能量。值得注意的是，在 BaLaGaO$_4$:0.25Eu^{3+} 体系中，受到周围晶体场效应的影响，Eu^{3+} 的 4f 构型在带隙中被分裂成若干个不同的亚能级。因此，当基质中的 Eu^{3+} 受到激发时，会发射出具有不同能量的光子，这一现象导致了光谱的分裂。这也是后续在 BaLaGaO$_4$:Eu^{3+} 材料中观察到光谱分裂现象的主要原因。此外，如图 5-5（d）所示，Eu^{3+} 的掺杂还引起了导带与价带之间能带结构和态密度的变化。这些变化导致 G 点处的带隙能量发生了改变，具体而言，BaLaGaO$_4$:0.25Eu^{3+} 的带隙能量减小至 3.8581eV。

5.2.2　BaLaGaO$_4$:Eu^{3+} 的发光性能

（1）BaLaGaO$_4$:Eu^{3+} 的光致发光特性

图 5-6（a）、（b）分别展示了所制备样品的激发光谱与发射光谱。在 703nm 波长监测下获得的激发光谱，呈现出一个从 250～350nm 的宽吸收带以及若干尖锐的激发峰。宽吸收带主要归因于配体（即 O^{2-}）到金属（Eu^{3+}）的电荷转移带（CTB）。而位于 350～600nm 范围内的尖锐激发峰，则对应于 Eu^{3+} 的 4f-4f 内部跃迁。具体而言，这些激发峰分别位于 363nm、383nm、394nm、415nm、466nm 和 533nm 处，它们分别对应于 Eu^{3+} 的 $^7F_0 \rightarrow {}^5D_4$、$^7F_0 \rightarrow {}^5L_7$、$^7F_0 \rightarrow {}^5L_6$、$^7F_0 \rightarrow {}^5D_3$、$^7F_0 \rightarrow {}^5D_2$ 和 $^7F_0 \rightarrow 5D_1$ 跃迁。值得注意的是，该荧光粉在 394nm 处展现出一个强烈的吸收峰，表明其能够被近紫外光有效激发。当样品受到 394nm 光的激发时，其发射光谱覆盖了 550～800nm 的波长范围。其中，在 703nm 处观察到的最强红色发射峰，对应于 Eu^{3+} 的 $^5D_0 \rightarrow {}^7F_4$ 跃迁。而位于 580nm、593nm、618nm 和 656nm 处的其他发射峰，虽然强度相对较低，但也分别对应于 Eu^{3+} 的 $^5D_0 \rightarrow {}^7F_0$、$^5D_0 \rightarrow {}^7F_1$、$^5D_0 \rightarrow {}^7F_2$ 和 $^5D_0 \rightarrow {}^7F_3$ 跃迁。Eu^{3+} 的电子能级结构及能量转移机制如图 5-7 所示。在 394nm 光的激发下，Eu^{3+} 吸收光子能量后，其电子从基态 $^7F_0$ 被激发至高能态 $^5L_6$。随后，部分受激电子通过非辐射跃迁的方式弛豫至最低激发态 $^5D_0$。最终，这些电子通过 $^5D_0 \rightarrow {}^7F_J$（$J$=0, 1, 2, 3, 4）的辐射跃迁过程，在 580nm、593nm、618nm、656nm 和 703nm 处产生一系列发射峰。

值得注意的是，在多数掺杂了 Eu^{3+} 的荧光粉中，人们通常会观察到由 $^5D_0 \rightarrow {}^7F_1$ 跃迁在 591nm 附近产生的最强发射峰，或由 $^5D_0 \rightarrow {}^7F_2$ 跃迁在 612nm 附近产生的最强发射峰。然而，在 BLGO:Eu^{3+} 样品中，我们却观察到了一个不同寻常的现象：最强的发射峰并非位于上述两个常见位置，而是来自 $^5D_0 \rightarrow {}^7F_4$ 跃迁，

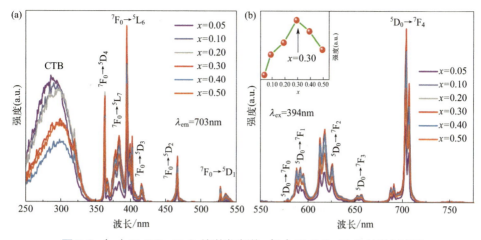

图 5-6 （a）BLGO:xEu³⁺ 的激发光谱；（b）BLGO:xEu³⁺ 的发射光谱

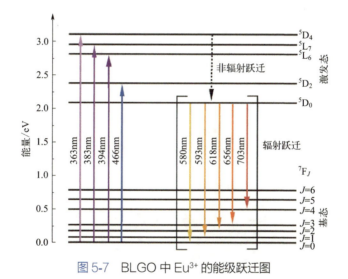

图 5-7　BLGO 中 Eu³⁺ 的能级跃迁图

具体位于 703nm 处。这一跃迁产生的深红色发射光（波长大于 650nm）位于可见光谱的边缘区域，人眼对其的敏感度相对较低。此外，它还落在了大多数光电倍增管灵敏度较低的光谱范围内，因此其检测强度极易受到仪器状态的影响。在未经过校正的发射光谱中，$^5D_0 \rightarrow {}^7F_4$ 跃迁的光谱强度与其他跃迁相比显得尤为微弱。因此，为了确保结论的准确性，对发射光谱进行仔细的校正显得尤为重要。尽管 Eu³⁺ 的 $^5D_0 \rightarrow {}^7F_4$ 跃迁鲜有研究，但它在深红色区域的光谱范围与植物生长所必需的光敏色素 P_R 和 P_{FR} 的吸收范围存在显著的重叠。这一发现赋予了基质中 Eu³⁺ 异常 $^5D_0 \rightarrow {}^7F_4$ 跃迁特定的研究价值，为未来在植物生长调节、光生物学等领域的应用提供了潜在的可能。

　　Eu^{3+}的发射光谱特性深受其所处位置的对称性及其特定对称位置的影响。举例来说，D_{4d} 和 D_2 对称性环境可能对 $^5D_0 \rightarrow {}^7F_4$ 跃迁产生有利影响。观察到 $^5D_0 \rightarrow {}^7F_4$ 跃迁的异常表现，可以归因于 $[EuO_8]$ 配位多面体从理想的立方几何形态转变为实际的正方形反棱镜结构过程中所发生的扭曲。图 5-8（a）展示了具有立方几何构型的 $[EuO_8]$ 多面体模型。在 O1、O2、O3 和 O4 这四个氧原子位置固定不变的情况下，由 O5、O6、O7 和 O8 构成的平面发生顺时针旋转，从而形成一个新的正方形反棱镜结构。随着这种旋转畸变的加剧，J-O 强度参数比率 Ω_2/Ω_4 会呈现下降趋势。如图 5-8（b）、（c）所示，当 Eu^{3+} 通过取代 La^{3+} 的位置掺杂到 $BaLaGaO_4$ 中时，会与周围的氧原子构成 $[EuO_8]$ 配位多面体。这些局部结构的特定键长和角度已通过 DFT 计算得出。实际上，$[EuO_8]$ 配位多面体可以看作是正方形反棱镜（D_{4d}）的一种变形体，并表现出与之相似的性质。在标准的 D_{4d} 正方形反棱镜对称性中，根据点群选择定则，$^5D_0 \rightarrow {}^7F_2$ 跃迁是被禁止的，而 $^5D_0 \rightarrow {}^7F_4$ 跃迁则是被允许的。这一理论解释了我们为何在样品中观察到了强烈的 $^5D_0 \rightarrow {}^7F_4$ 跃迁现象。

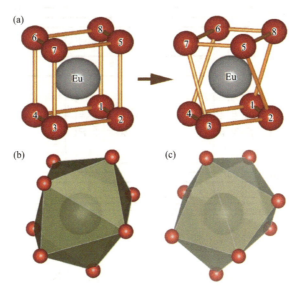

图 5-8 （a）$[EuO_8]$ 从立方体结构到正方形反棱镜结构的转变；（b），（c）在 $BaLaGaO_4$:0.25Eu^{3+} 中不同方向观察的 $[EuO_8]$ 结构

　　图 5-6（b）的插图清晰地展示了 Eu^{3+} 浓度变化对光谱强度的影响：随着 Eu^{3+} 浓度的增加，光谱强度先上升，随后由于浓度猝灭效应而下降。然而，值得注意的是，发射峰的性质和位置并未因此发生改变。根据公式（3-7），代入相关参数进行计算，我们得出了临界转移距离 R_c 为 8.758Å。这一结果对于理解浓度猝灭的机理

至关重要。由于计算出的 R_c 值（8.758Å）远大于 5Å，因此可以推断出，主体中的浓度猝灭现象主要是由电多极相互作用所引起的。

（2）BaLaGaO$_4$:Eu^{3+} 的 J-O 理论

J-O 参数，特别是 Ω_2 和 Ω_4，是揭示稀土离子在特定基质中光学跃迁特性的关键。这些参数不仅能够帮助我们深入理解稀土离子的局部环境，而且为稀土掺杂荧光粉的研究提供了重要的理论基础。尽管 Eu^{3+} 掺杂荧光粉的 J-O 参数研究已经相对成熟且丰富，但由于 Eu^{3+} 的吸收跃迁能级和复杂的能级结构，仅通过吸收光谱来分析其 Eu^{3+} 的 J-O 参数面临着极大的挑战。我们可以利用发射光谱来确定这些参数。通过强度积分的关系式，可以从经过强度校正的发射光谱中计算出 $^5D_0 \rightarrow {}^7F_1$ 和 $^5D_0 \rightarrow {}^7F_J$ 发射的强度积分（$\int I_1 dv$ 和 $\int I_J dv$）。这些积分值与 J-O 参数之间存在着紧密的联系，具体的计算公式见式（4-9）。

在计算过程中，需要注意几个关键参数：e 是值为 4.8×10^{-10} esu 的基本电荷；$\langle \psi J \| U^\lambda \| \psi' J' \rangle^2$ 的值仅与强度参数（Ω_λ）有关，计算 Ω_2 时使用的特定值为 0.0032，而计算 Ω_4 时则为 0.0023；波数 v_1 和 v_λ 分别对应于 $^5D_0 \rightarrow {}^7F_1$ 跃迁和 $^5D_0 \rightarrow {}^7F_\lambda$（$\lambda=2$，4）跃迁；$S_{md}$ 的值为 7.83×10^{-42}，这是一个与基质材料无关的常数；基质的折射率 n 在 BaLaGaO$_4$ 中，根据经验公式，不考虑波长影响的情况下，取值为 2.375[7]。表 5-2 中详细列出了通过发射光谱计算得到的 BLGO:0.30Eu^{3+} 荧光粉的 J-O 强度参数。

通过已经获得的 J-O 强度参数值，我们可以进一步推导出 Eu^{3+} 每个跃迁对应的辐射跃迁概率。首先，对于 $^5D_0 \rightarrow {}^7F_1$ 跃迁，由于其与晶体场环境无关，可以使用特定的公式（4-7）来计算其辐射跃迁概率（A）。v 表示 $J \rightarrow J'$ 跃迁的中心波数，h 表示普朗克常数。$2J+1$ 是 $^5D_0$ 能级的总角动量。对于 $^5D_0 \rightarrow {}^7F_J$（$J=2$，4，6）的辐射跃迁概率，可以使用 J-O 理论来计算，公式见式（4-6）。其中，v_J 表示 $^5D_0 \rightarrow {}^7F_J$ 跃迁的中心波数，h 是普朗克常数，n 是基质的折射率，Ω_λ 是 J-O 强度参数，而 $\langle \psi J \| U^\lambda \| \psi' J' \rangle$ 是跃迁的约化矩阵元。此外，分支比（β_{0-J}）表示从 $^5D_0$ 能级跃迁到 ^7F_J 能级的概率占比，可以通过公式计算获得：

$$\beta_{0-J} = \frac{A_{0-J}}{\sum_{J=0,1,2,3,4} A_{0-J}} \tag{5-2}$$

式中，A_{0-J} 为 $^5D_0 \rightarrow {}^7F_J$ 跃迁的辐射跃迁概率；$\sum_{J=0,1,2,3,4} A_{0-J}$ 为所有可能跃迁的辐射跃迁概率之和。表 5-2 中列出了通过发射光谱计算得到的所有相关参数，包括辐射跃迁概率和分支比等。

另外，J-O 参数还可以通过激发光谱计算获得，并且使用 Joes 软件可以大大缩短计算过程。在不考虑波长对折射率的影响的条件下，通过 Joes 软件计算得到的 J-O 参数以及相关结果如表 5-3 所示。这些结果为我们提供了另一种方法来验证和比较通过发射光谱计算得到的 J-O 参数和辐射跃迁概率等参数。

表 5-2　BLGO:0.30Eu³⁺ 的跃迁概率、J-O 强度参数、中心波数和分支比

跃迁	跃迁概率 /s⁻¹	强度参数 /10⁻²⁰cm²	中心波数 /cm⁻¹	分支比 /%
$^5D_0 \rightarrow {}^7F_1$	157.76	—	16863.4	20.68
$^5D_0 \rightarrow {}^7F_2$	313.91	2.08	16181.2	41.16
$^5D_0 \rightarrow {}^7F_4$	291.09	3.95	14224.7	38.16

表 5-3　从不同途径计算获得的 BLGO:xEu³⁺ 的 J-O 参数

x	计算路径			
	发射光谱		激发光谱	
	$\Omega_2/10^{-20}\text{cm}^2$	$\Omega_4/10^{-20}\text{cm}^2$	$\Omega_2/10^{-20}\text{cm}^2$	$\Omega_4/10^{-20}\text{cm}^2$
0.05	1.92	3.61	2.60	4.94
0.10	2.01	3.72	2.48	4.60
0.20	2.10	4.07	2.52	4.31
0.30	2.08	3.95	2.93	4.30
0.40	2.06	3.50	2.62	4.00
0.50	2.10	3.85	2.18	3.96

从表 5-3 的数据中我们可以观察到，尽管采用不同的计算方法，BLGO:xEu³⁺ 的 J-O 参数 Ω_4 始终高于 Ω_2。然而，在多数 Eu³⁺ 掺杂的荧光粉体系中，由于 $^5D_0 \rightarrow {}^7F_2$ 的发射强度普遍远高于 $^5D_0 \rightarrow {}^7F_4$，因此计算得到的强度参数 Ω_2 往往大于 Ω_4。但在 BLGO:xEu³⁺ 中，Ω_2/Ω_4 的比值较低，这可能意味着 [EuO₈] 多面体发生了更大的旋转畸变。这一发现进一步支持了 BLGO:Eu³⁺ 中 EuO₈ 结构（具体为畸变正方形反棱镜 D₄d）是 $^5D_0 \rightarrow {}^7F_4$ 强发射的主要贡献者的观点。

（3）BaLaGaO₄:Eu³⁺ 的热稳定性

我们通过对 BLGO:0.30Eu³⁺ 样品在不同温度下的荧光光谱进行分析，来评估其热稳定性。如图 5-9 所示，在 394nm 的激发下，随着温度的升高，由于热猝灭效应，样品的发射强度呈现逐渐下降的趋势。然而，值得注意的是，发射峰值的位置并未发生明显变化，保持了相对的稳定性。具体来说，如图 5-9（b）所示，在 423K 时，样品的发射强度仍能保持为室温下强度的约 71%，这一结果充分证明了 BLGO:0.30Eu³⁺ 荧光粉具有出色的热稳定性。

热猝灭效应在早期研究中通常被归因于声子发射到晶格的多声子弛豫过程，这一过程如图 5-9（c）所示，并可通过以下公式进行描述 [9, 10]：

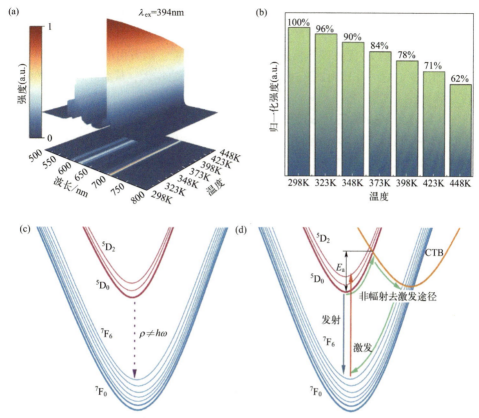

图 5-9 （a）不同温度下 BLGO:0.30Eu³⁺ 的发射光谱;（b）不同温度下发射强度的归一化;（c）多声子弛豫过程的组态坐标;（d）通过电荷转移带弛豫过程的组态坐标

$$K_{NR}(T) = k_{NR}(0) \left[\frac{\exp(h\nu / k_B T)}{\exp(h\nu / k_B T) - 1} \right]^{\frac{\Delta E}{h\nu}} \tag{5-3}$$

式中，ΔE 为从激发能级到下一个最低能级的能量差;$h\nu$ 为晶格中的主要声子能量。$\Delta E/(h\nu)$ 的值反映了为弥补能隙差异而实际需要发射的声子数量。一般来说，所需声子数量越多，该过程的发生概率就越低。当声子数大于 7 时，普遍认为这一过程难以实现[11]。在 BLGO:Eu³⁺ 体系中，$^5D_0$ 和 $^7F_6$ 能级之间的能量间隙约为 12500cm⁻¹。而通过 DFT 计算得到的 BaLaGaO₄ 的拉曼光谱（如图 5-10 所示）显示，该基质中的最大声子能量仅为 640cm⁻¹。因此，$\Delta E/(h\nu)$ 的比值约为 19，意味着完成这一多声子弛豫过程至少需要 19 个最大能量的声子。显然，这一机制无法解释观察到的热猝灭现象。热猝灭效应还可以通过配置坐标图［如图 5-9（d）所示］进行进一步阐释。在图中，基态 ^7F_J 的电子被激发到 ^5D

态后，会弛豫到最低的激发态 $^5D_0$，然后经历辐射跃迁返回到基态。然而，在较高的温度下，$^5D_0$ 态的电子可能会跃迁到与 CTB 的交叉点，并通过非辐射途径回到基态。这里的 E_a 代表该非辐射跃迁过程的活化能。随着温度的升高，粒子变得更加活跃，这一非辐射跃迁过程的发生概率也随之增大，从而导致样品光谱强度的降低。

（4）BaLaGaO$_4$:Eu^{3+} 的荧光寿命

图 5-11 展示了在 394nm 激发下，以 703nm 发射为监测波长时，BLGO: 0.30Eu^{3+} 荧光粉的荧光衰变时间曲线。这条衰减曲线能够很好地通过双指数函数进行拟合，拟合所用的公式如下：

$$I_t = A_1 \exp\left(-\frac{t}{\tau_1}\right) + A_2 \exp\left(-\frac{t}{\tau_2}\right) \tag{5-4}$$

其中 τ_1 和 τ_2 代表衰减时间的两个指数部分，它们分别对应着荧光衰变过程中两个不同的衰减速率。A_1 和 A_2 是与这两个衰减速率相对应的常数，它们决定了各自衰减分量在总衰减中所占的比重。t 代表时间，是荧光衰变过程中随时间变化的自变量。I_t 则代表在 t 时刻样品的光谱强度，它是荧光衰变过程的直接观测结果。在荧光衰变过程中，我们通常使用平均寿命来表征这一过程，其计算公式如下：

$$\tau = \frac{A_1\tau_1^2 + A_2\tau_2^2}{A_1\tau_1 + A_2\tau_2} \tag{5-5}$$

将相关参数代入上述公式进行计算，我们得出 BLGO:0.30Eu^{3+} 样品的荧光寿命为 1.32ms。这一结果表明，该荧光粉在受到激发后，其荧光强度会随时间逐渐减弱，直至达到一个稳定的低强度状态，而整个过程需要约 1.32ms 的时间。

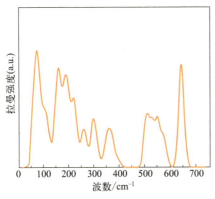

图 5-10　通过 DFT 计算得到的 BaLaGaO$_4$ 拉曼光谱

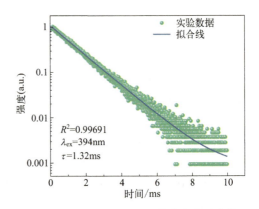

图 5-11　BLGO:0.30Eu^{3+} 的寿命衰减曲线

（5）BaLaGaO$_4$:Eu^{3+} 的量子产率

BaLaGaO$_4$:Eu^{3+} 的量子产率是衡量其光转换效率的重要指标。通过公式（3-3），我们可以将实际测量的光谱数据代入，以计算出所制备的 BLGO:0.30Eu^{3+} 荧光粉的 QY 值。根据这一计算过程，我们得出 BLGO: 0.30Eu^{3+} 的 QY 值为 82.45%，如图5-12 所示。这一测试结果充分表明，BLGO:0.30Eu^{3+} 荧光粉具有卓越的光转换效率。量子产率高意味着该荧光粉在受到光激发时，能够更有效地将吸收的光能转换为荧

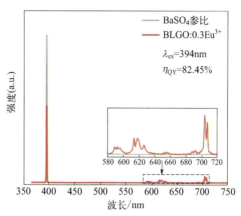

图5-12 BLGO:0.30Eu^{3+} 的量子产率（BaSO$_4$ 作为参比）（插图为 580~720nm 处的放大图）

光辐射，从而在实际应用中表现出更好的发光性能。因此，BLGO:0.30Eu^{3+} 荧光粉在照明、显示、生物标记等领域具有广泛的应用前景。值得注意的是，量子产率的计算和测量结果可能会受到多种因素的影响，如测量设备的精度、样品的制备和处理过程等。因此，在实际应用中，我们需要确保测量过程的准确性和可靠性，以获得更准确的量子产率值。

（6）BaLaGaO$_4$:Eu^{3+} 的 CIE、CP 和 CCT

对于 BLGO:xEu^{3+} 荧光粉，其色度坐标已在图 5-13 中给出。特别地，当使用 394nm 的光进行激发时，BLGO:0.30Eu^{3+} 荧光粉的色度坐标确定为（0.6479，0.350）。这一坐标点位于红色区域内，并且非常接近标准红光的坐标（0.67，0.33）。标准红光的坐标通常被视为红色发光材料在色度图上的一个理想参考点。BLGO:0.30Eu^{3+} 荧光粉色度坐标与之接近，意味着其发光颜色与标准红光相近，这对于红色发光材料在 WLED 中的应用是至关重要的。由于 BLGO:0.30Eu^{3+} 荧光粉的色度坐标位于红色区域并接近标准红光，它有望成为 WLED 中的理想红色发射材料。在 WLED 的制造中，实现良好的色彩平衡和显色指数是至关重要的，而红色发射材料的选择对此有着重要影响。因此，BLGO:0.30Eu^{3+} 荧光粉因其接近标准红光的色度坐标和潜在的优秀发光性能，在 WLED 领域具有广阔的应用前景。

另外，为了衡量 BLGO:0.30Eu^{3+} 荧光粉在 394nm 激发下的红色发光色纯度，我们采用了式（3-4）进行计算。同时，相关色温则通过式（3-5）和式（3-6）来确定。表 5-4 详细列出了样品的色度坐标（X_s，Y_s），以及在不同 Eu^{3+} 掺杂浓度下的色纯度和 CCT 值。研究结果显示，BLGO:Eu^{3+} 荧光粉展现出了出色的色纯度和色度坐标，这预示着它在 WLED 和显示器等领域具有广阔的应用前景。

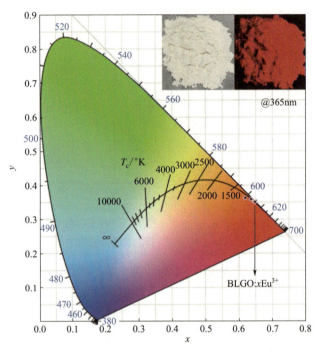

图 5-13　BLGO:xEu³⁺ 荧光粉的 CIE 色度坐标

表 5-4　BLGO:xEu³⁺ 在 394nm 激发下的 CIE、CP 和 CCT

x	CIE 色度坐标	CP/%	CCT/K
0.05	（0.6193，0.3633）	94.56	1992
0.10	（0.6354，0.3586）	98.44	2207
0.20	（0.6454，0.3521）	99.12	2453
0.30	（0.6479，0.3506）	99.88	2521
0.40	（0.6480，0.3508）	99.92	2517
0.50	（0.6483，0.3503）	100.00	2533

5.2.3　BaLaGaO₄:Eu³⁺ 的应用

（1）BaLaGaO₄:Eu³⁺ 在白光 LED 中的应用

　　为了更直观地展现这种荧光粉的应用潜力，我们将 BaLaGaO₄:0.30Eu³⁺ 荧光粉与商用的蓝色（BaMgAl₁₀O₁₇:Eu²⁺）和绿色 [(Sr, Ba)₂SiO₄:Eu²⁺] 荧光粉混合，并使用 395nm 的激发芯片封装制成了 WLED。3.4V 和 0.6A 的条件下为 LED 供电进行测试，结果如图 5-14（a）所示，显示该 LED 发出了明亮的白光。这款封装的 WLED 表现出色，具有高显色指数，Ra 值 91.9、R9 值 73、相关色温 CCT 为 6024K，以及 CIE 色度坐标为（0.3208，0.3436）。这些性能指标说明封装的 WLED 性能优异，特别是高 R9 值意味着该 WLED 含有较多的红色成分。图 5-14（b）展示了具体的光谱数据和显色指数 R1 至 R15 的详细情况。这些数据进一步证明了 BLGO:0.30Eu^{3+} 荧光粉在照明领域的巨大应用潜力。在室内照明中，高显色指数至关重要，因为较高的 Ra 值能让人们更准确地看到被照物体的真实颜色。R9 代表红色饱和度，高 R9 值意味着 LED 中的红色成分较多，这对于减轻眼睛疲劳非常关键。当然，通过调整红、绿、蓝荧光粉的配比或改进 LED 制造与封装技术，还可以进一步提升 R9 和 Ra 值。

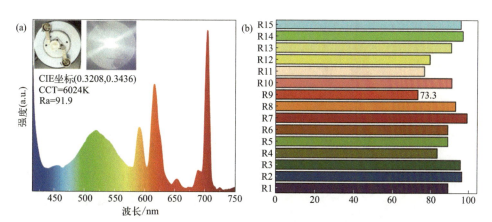

图 5-14　（a）封装的 WLED 的发光光谱和物理图；（b）该 WLED 的 R1 ~ R15 值

（2）BaLaGaO$_4$:Eu^{3+} 在植物生长灯中的应用

更令人振奋的是，我们所制备的 BLGO:Eu^{3+} 荧光粉在大约 703nm 处展现出了最强的深红色发光，这一特性源于 Eu^{3+} 的 $^5D_0 \rightarrow {}^7F_4$ 能级跃迁。基于此，我们成功地将 BLGO:0.3Eu^{3+} 荧光粉与 395nm 芯片结合，封装出了深红色 LED，如图 5-15（a）所示。当接通电源时，LED 绽放出耀眼的深红色光芒。这款红色 LED 的色度坐标为（0.6294，0.3581），且色纯度高达 96.4%。

在植物的生长过程中，环境光扮演着举足轻重的角色，因为它对光合作用、向光性等关键生理过程有着直接影响。植物色素中的光敏色素 P_R 和 P_{FR} 至关重要。P_R 作为一种光受体，对红光和远红光均敏感，而 P_{FR} 则吸收远红光并转化为 P_R，从而助力植物生长。图 5-15（a）展示了所制造的深红色 LED 的发射光谱，以及 P_R 和 P_{FR} 的吸收曲线。可以清晰地看到，深红色 LED 的发射光谱与 P_R 和 P_{FR} 的吸收曲线之间存在显著的重叠区域，这意味着这款深红色 LED 有望作为植物生长的光源。图 5-15（b）则呈现了不同驱动电流下深红色 LED 的发射光谱，所有光谱的最高峰均集中在 703nm 附近。此外，随着电流从 20mA 增加到 600mA，发射强度也随之逐渐增强。图 5-15（c）展示了随着驱动电流的增加，深红色 LED 的工作温度从 25.0℃ 上升至 40.0℃（白色部分代表最高温度，具体数值标注在图像右侧颜色条的顶端）。这一轻微而稳定的温度上升表明，所制备的深红色 LED 能够在不同驱动电流下保持稳定运行。

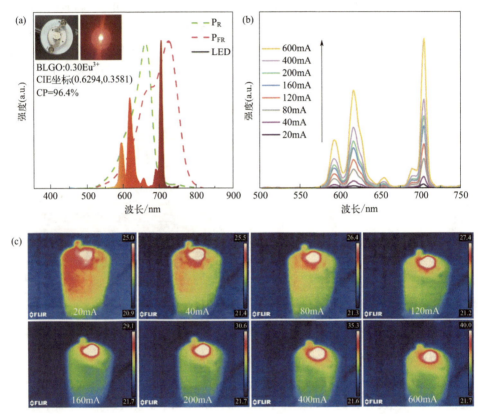

图 5-15 （a）深红色 LED 在 600mA 下的发射光谱以及 P_R、P_{FR} 的吸收曲线（插图：深红色 LED 的物理图）；（b）深红色 LED 在不同电流驱动下的发射光谱；（c）深红色 LED 在 20 ～ 600mA 电流驱动下的热成像图

为了深入验证 BLGO:Eu³⁺ 荧光粉在促进植物生长方面的潜力，我们设计并实施了一项种子发芽与生长的对比实验。该实验旨在探究我们生产的深红色 LED 光对植物生长的具体影响。在实验中，我们选取了三种植物种子，三叶草、蒲公英和白花蛇舌草，每种种子分别被均分为两组，每组三叶草 20 粒、蒲公英 20 粒、白花蛇舌草 15 粒。这两组种子分别置于两种不同光照条件下进行培养：一组仅接受自然光照射，另一组则在自然光基础上额外接受深红色 LED 光的照射。

图 5-16 展示了实验期间三叶草种子在不同光源下的日常生长情况。同时，图 5-17 分别记录了蒲公英和白花蛇舌草种子在不同光源下每日的生长图像。此外，

图 5-18 详细记录了每张图像中每粒种子的发芽状态，以便我们更准确地评估深红色 LED 光对种子发芽的影响。

图 5-18 描述了实验期间不同环境光条件下种子发芽率的变化。对于三叶草种子，第 1 组（自然光＋深红色 LED）的发芽率在第三天达到 75%，到第五天所有种子都发芽了。而在第 2 组（自然光）中，第三天的发芽率只有 35%，第五天增加到 90%。至于蒲公英种子，在第 1 组中，发芽率稳步上升，而在第 2 组中，到第五天发芽率没有上升。在第九天，第 1 组的发芽率为 40%，高于第 2 组的 25%。至于白花蛇舌草，第 1 组和第 2 组在最初五天的发芽率和生长情况差别不大。但随着时间的推移，第 1 组种子的发芽率继续上升，而第 2 组的发芽率上升速度较慢。第九天，第 1 组种子的发芽率（60%）明显高于第 2 组（33%）。总之，与第 2 组相比，第 1 组种子的发芽速度更快，发芽率更高，这表明使用深红色 LED 照明有利于种子的发芽和生长。

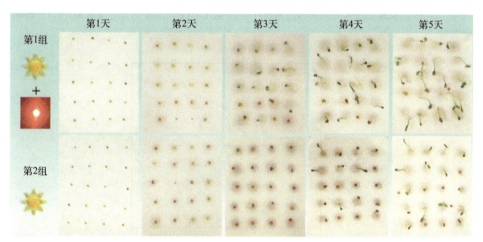

图 5-16　三叶草种子发芽与生长对照实验方案及不同环境光下种子图像

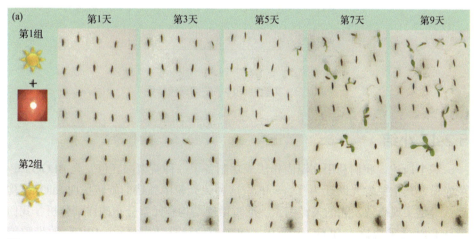

图 5-17

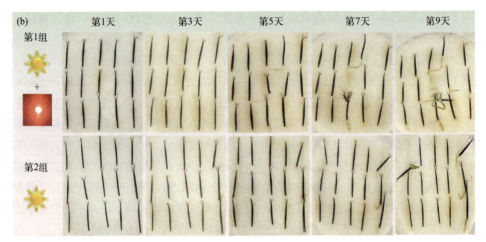

图 5-17　种子发芽与生长对照实验方案及不同环境光下种子图像：（a）蒲公英；（b）白花蛇舌草

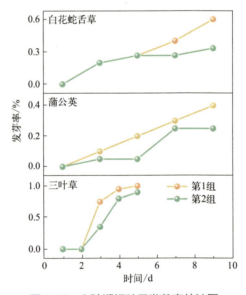

图 5-18　实验期间种子发芽率统计图

5.2.4　小结

综上所述，我们利用高温固相法成功制备了一种新型深红色发光 BLGO:Eu³⁺ 荧光粉，其主要发光跃迁为 $^5D_0 \rightarrow {}^7F_4$。这种荧光粉中独特的旋转扭曲 EuO₈ 结构被认为是实现高效发光的关键因素。通过微观结构和元素分布的详细分析，我们确认 Eu³⁺ 已成功掺入 BLGO 基质中。DFT 理论计算结果显示，BLGO 的带隙能为 3.886eV，当掺杂量 x=0.25 时，带隙能降低至 3.858eV。激发光谱分析表明，BLGO 在 394nm 处具有强烈的吸收峰，表明其能有效吸收近紫外光。在 394nm 激发下，发射光谱以 703nm 的深红色光为主。当掺杂浓度 x=0.30 时，荧光粉展现出最佳的发光强度。此外，该荧光粉的热稳定性良好（I_{423K}/I_{298K} 值为 71%），量子产率高达 82.54%，表明我们已成功开发出一种稳定高效的深红色 BLGO:Eu^{3+} 荧光粉。将所制备的荧光粉与商用蓝色和绿色荧光粉混合后，我们成功制备了色度坐标为（0.3208，0.3436）、显色指数为 91.9、R9 值为 73 的高性能 WLED。同时，我们还开发了一种深红色 LED，实验结果表明，该 LED 能在不同驱动电流下稳定工作。最后，通过种子发芽和生长实验，我们验证了深红色 LED 对植物生长具有积极影响。这些研究成果充分展示了 BaLaGaO$_4$:Eu^{3+} 在 WLED 和植物生长用深红 LED 领域的广阔应用前景。

5.3　BaLaGaO$_4$:Sm^{3+} 的发光性能与应用

5.3.1　BaLaGaO$_4$:Sm^{3+} 的制备及微观结构

（1）BaLaGaO$_4$:Sm^{3+} 的制备

采用高温固相法制备了 BLGO:xSm^{3+}（x=0.005，0.01，0.02，0.03，0.04，0.05，0.06）。原料包括 BaCO$_3$、La$_2$O$_3$、Ga$_2$O$_3$ 和 Sm$_2$O$_3$，制备流程见 4.2.1 节，烧结温度和时间为 1300℃、5h。整个烧结过程的化学反应方程式见式（5-6）。

$$BaCO_3+\frac{1-x}{2}La_2O_3+\frac{1}{2}Ga_2O_3+\frac{x}{2}Sm_2O_3 \longrightarrow BaLa_{1-x}Sm_xGaO_4+CO_2\uparrow \qquad (5-6)$$

（2）BaLaGaO$_4$:Sm^{3+} 的物相

图 5-19（a）展示了 BLGO:xSm^{3+} 荧光粉的 XRD 衍射图谱。XRD 结果显示，所合成的 BLGO:xSm^{3+} 样品的主衍射峰与 BaLaGaO$_4$ 标准结构的主衍射峰吻合良好，说明 Sm^{3+} 的掺入并未改变 BLGO 的原始晶格结构。样品中检测到少量已知的 BaGa$_2$O$_4$ 杂质。图 5-19（b）展示了 BLGO:0.02Sm^{3+} 样品的 Rietveld 精修结果，实验数据与计算曲线吻合度较高，表明该样品中不存在大量杂质相或额外的晶体结构。BLGO:0.02Sm^{3+} 的详细精修参数如表 5-5 所示，其中 R_{wp} 和 R_p 值分别为 10.4% 和 7.86%，表明精修结果可靠。表 5-5 还列出了 BLGO 和 BLGO:0.02Sm^{3+} 样品的具体晶体参数。在 BLGO:0.02Sm^{3+} 中，Sm^{3+} 可取代 BaLaGaO$_4$ 基质中的 La^{3+}。对于配位数为 8 和 9 的情况，Sm^{3+} 的半径分别为 1.079Å 和 1.132Å；而在 BaLaGaO$_4$ 基质中，Ba^{2+}（CN=9）的离子半径为 1.47Å，La^{3+}（CN=8）的离子半径为 1.16Å。根据离子半径理论计算结果显示，Ba^{2+} 与 Sm^{3+} 的 D_r 值为 22.9%，取代难度较大；而

La³⁺ 与 Sm³⁺ 的 D_r 值仅为 7.51%，远低于 15%。此外，Sm 和 La 同属镧系元素，具有良好的置换相容性。因此，结合 XRD 衍射图谱和 Rietveld 拟合结果可以推断，Sm³⁺ 能够有效地取代 BaLaGaO₄ 晶格中的 La³⁺，且不影响 BLGO 的晶格结构，实现了 Sm³⁺ 在 BLGO 晶格中的成功掺杂。

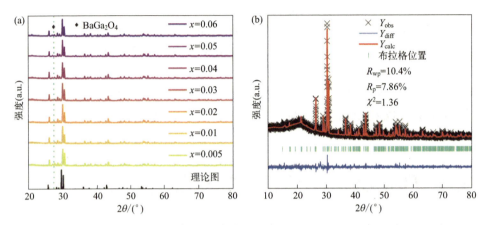

图 5-19 （a）BLGO:xSm³⁺ 的 XRD 衍射图；（b）BLGO:0.02Sm³⁺ 样品的 XRD 精修图

表 5-5 BLGO:0.02Sm³⁺ 的 Rietveld 精修参数对比

样品	BLGO	BLGO:0.02Sm³⁺
空间群	$P2_12_12_1$	$P2_12_12_1$
晶格常数	a=5.96565Å b=7.32681Å c=10.08654Å α=γ=β=90°	a=5.90527Å b=7.26169Å c=10.00998Å α=γ=β=90°
晶胞体积 /Å³	440.87438	429.25098
可靠性系数	—	R_p=7.86%, R_{wp}=10.4% χ^2=1.36

（3）BaLaGaO₄:Sm³⁺ 的 SEM 和 EDS

为了深入探究合成样品的微观形貌、元素构成以及 Sm³⁺ 在 BLGO 晶格中的掺杂情况，我们对 BLGO:0.02Sm³⁺ 样品进行了扫描电子显微镜、能量散射光谱以及元素分布分析。图 5-20 展示了 BLGO:0.02Sm³⁺ 荧光粉的 SEM 图像、EDS 数据以及元素分布图。其中，图 5-20（a）、（b）为在 1300℃ 下制备的 BLGO:0.02Sm³⁺ 样品在不同尺度下的 SEM 图像。观察发现，样品由大小不一、形状不规则的颗粒组成，这些颗粒相互聚集，粒径范围从几微米至十微米不等，整体分布较为均匀。在图 5-20（c）～（h）所示的元素映射图中可以看出，Ba、La、Ga、O 和 Sm 元素在测试的样品粉末中分布均匀。图 5-20（i）展示了 BLGO:0.02Sm³⁺ 样品的 EDS 光谱数据。从 EDS 图中可以清晰地看到，样品中含有来自 BLGO:Sm³⁺ 的所有元素。表 5-6 列出了 BLGO:0.02Sm³⁺ 中元素的具体组成百分比，测试得到的元素比例与合成样品的预期比例相近。综合以上分析结果，我们可以进一步确认 Sm³⁺ 已成功掺杂到 BLGO 晶格中。

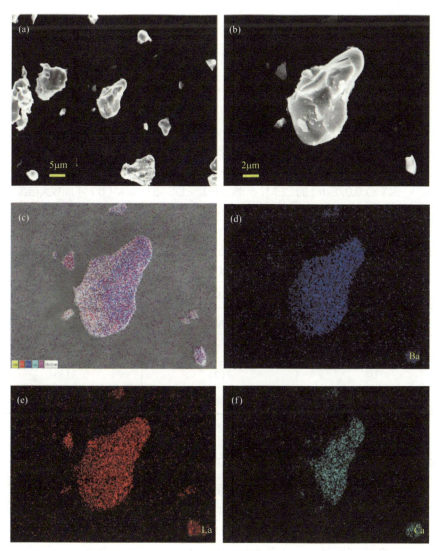

图 5-20

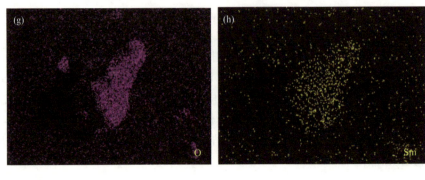

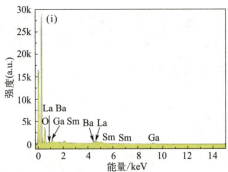

图 5-20 BLGO:0.02Sm³⁺ 的 SEM、元素分布及 EDS 图：（a），（b）不同放大倍数下的 SEM 图；（c）～（h）元素分布图；（i）EDS 图

表 5-6 BLGO:0.02Sm³⁺ 样品的元素组成百分比

元素	原子分数 /%	质量分数 /%
Ba	9.86	29.51
La	10.89	32.97
Ga	7.72	11.74
O	71.23	24.83
Sm	0.29	0.96

5.3.2 BaLaGaO₄:Sm³⁺ 的发光性能

（1）BaLaGaO₄:Sm³⁺ 的光致发光特性

图 5-21（a）展示了 BLGO:0.02Sm³⁺ 荧光粉在监测 600nm 发射波长下的激发光谱。在 300～500nm 范围内，可以观察到一系列尖锐的激发峰，这些峰归因于 Sm³⁺ 的 4f-4f 跃迁。这些激发峰分别对应于不同的能级跃迁，包括 346nm

（$^6H_{5/2} \rightarrow {}^4F_{9/2}$）、362nm（$^6H_{5/2} \rightarrow {}^4D_{3/2}$）、378nm（$^6H_{5/2} \rightarrow {}^6D_{1/2}$）、405nm（$^6H_{5/2} \rightarrow {}^4F_{7/2}$）、440nm（$^6H_{5/2} \rightarrow {}^6G_{9/2}$）和468nm（$^6H_{5/2} \rightarrow {}^4I_{13/2}$）。值得注意的是，405nm处的激发峰（$^6H_{5/2} \rightarrow {}^4F_{7/2}$）展现出最高的强度，这与商用荧光粉的典型输出波长相匹配。因此，BLGO:Sm^{3+}荧光粉在WLED领域具有广阔的应用潜力。图5-21（b）则呈现了BLGO:0.02Sm^{3+}荧光粉在405nm激发下的发射光谱。该光谱揭示了Sm^{3+}在500～750nm范围内的四个主要跃迁，具体包括：$^4G_{5/2} \rightarrow {}^6H_{5/2}$（563nm）、$^4G_{5/2} \rightarrow {}^6H_{7/2}$（600nm）、$^4G_{5/2} \rightarrow {}^6H_{9/2}$（648nm）和$^4G_{5/2} \rightarrow {}^6H_{11/2}$（708nm）。其中，$^4G_{5/2}$到$^6H_{5/2}$（563nm）的跃迁属于磁偶极子跃迁，而$^4G_{5/2} \rightarrow {}^6H_{9/2}$（648nm）的跃迁则是电偶极子跃迁，后者对晶体场环境极为敏感。以600nm为中心的跃迁（$^4G_{5/2} \rightarrow {}^6H_{7/2}$）则包含了磁偶极子跃迁和电偶极子跃迁的贡献，在600nm处形成了一个相对较强的发射峰。这些跃迁特性使得BLGO:Sm^{3+}荧光粉在特定波长范围内展现出高效发光性能，从而适用于各种目标光学应用。

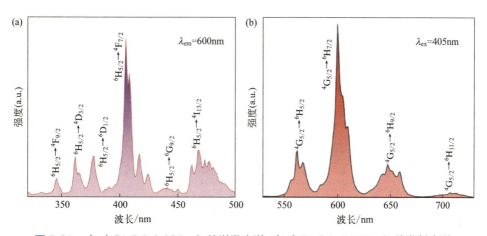

图5-21 （a）BLGO:0.02Sm^{3+}的激发光谱；（b）BLGO:0.02Sm^{3+}的发射光谱

图5-22（a）展示了不同Sm^{3+}浓度（x=0.005，0.01，0.02，0.03，0.04，0.05，0.06）下BLGO:xSm^{3+}的发射光谱。随着Sm^{3+}浓度的增加，发射光谱的波长保持不变。与此同时，发光强度逐渐增强，直至Sm^{3+}的掺杂浓度达到x=0.02时达到最大值，随后开始逐渐减弱。这种先增后减的趋势是典型的浓度猝灭现象。根据Blasse的理论，我们采用式（3-7）计算了R_c值，结果为21.7208Å，远大于5Å，这表明在BLGO:xSm^{3+}荧光粉中，浓度猝灭的主要机制是电多极相互作用。为了更深入地探究BLGO:xSm^{3+}中的电多极相互作用，我们通过Dexter浓度猝灭理论，绘制了图5-22（b），展示了BLGO:xSm^{3+}荧光粉的$\lg(I/x)$和$\lg x$之间的关系。通过线性拟合，我们得到了斜率（$-Q/3$）为-1.6304，进而计算出Q值为4.8912。这个值接近6，表明在BLGO:xSm^{3+}荧光粉中，浓度猝灭的主要原因可能是偶极-偶极相互作用。

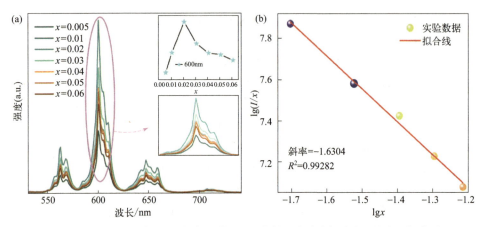

图 5-22 （a）BLGO:xSm^{3+} 的发射光谱（插图：发射强度随掺杂浓度 x 的变化）；（b）lg(I/x) 和 lg$x$ 之间的关系拟合图

　　图 5-23 则描绘了 BLGO 中 Sm^{3+} 的能级跃迁过程。在该图中，当 BLGO:Sm^{3+} 中的粒子处于基态 $^6H_{5/2}$ 时，一旦受到激发，它们会吸收能量并跃迁到更高的激发态。随后，这些粒子会经历一系列的非辐射弛豫过程，逐渐降低到 $^4G_{5/2}$ 激发态。接着，$^4G_{5/2}$ 激发态的粒子会通过辐射跃迁的方式返回到较低的能级，并在这个过程中释放出光子，形成一系列 Sm^{3+} 的特征发射。

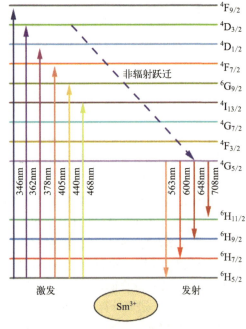

图 5-23　BLGO 中 Sm^{3+} 的能级跃迁图

（2）BaLaGaO$_4$:Sm^{3+} 的热稳定性

我们针对 BLGO:0.02Sm^{3+} 样品，在 298 ～ 473K 的温度区间内，对其光致发光发射光谱进行了深入研究。如图 5-24（a）所示，随着温度的逐步升高，发光强度呈现出逐渐下降的趋势，这充分说明了热猝灭效应的存在。然而，如图 5-24（b）600nm 发射峰强度随温度的变化图，即便在高达 423K 的温度下，该样品的发光强度仍能保持其在 298K 时初始强度的 71.4%，展现出了良好的耐热性能。进一步地，在 373K 时，其发光强度更是达到了 298K 时强度的 82.7%，这再次印证了 BLGO:0.02Sm^{3+} 荧光粉在热稳定性方面的优异表现。我们运用了 Struck 和 Fonger 模型来分析数据，并绘制了 $\ln(I_0/I_T-1)$ 与 $1/(k_BT)$ 之间的关系图，如图 5-24（c）所示。该图清晰地展示了 $\ln(I_0/I_T-1)$ 和 $1/(k_BT)$ 之间存在线性关系，且拟合曲线的斜率为 -0.198。基于这一斜率，我们计算出热活化能（ΔE）的值为 0.198eV。

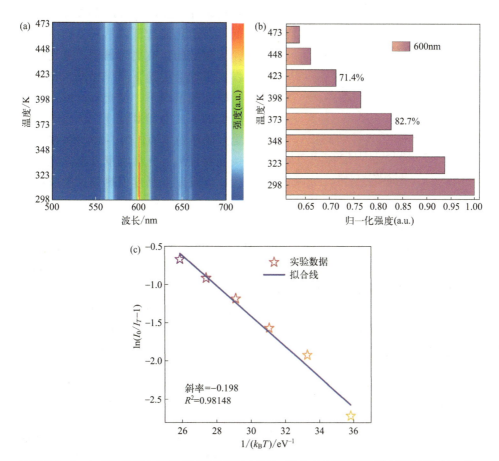

图 5-24 （a）不同温度下发射光谱的等高线图；（b）不同温度下发射强度的归一化；（c）$\ln(I_0/I_T-1)$ 和 $1/(k_BT)$ 之间的关系图和拟合线

当405nm紫外光照射荧光粉时，其电子会吸收光能并被激发至$^4F_{7/2}$能级的高激发态。然而，大多数被激发至$^4F_{7/2}$能级的电子并不会直接通过辐射跃迁返回基态并发光，而是会先经历非辐射跃迁，转移至较低的$^4G_{5/2}$能级（路径a）。这里的非辐射跃迁指的是不伴随光发射的电子跃迁过程。随后，$^4G_{5/2}$能级的电子会通过辐射跃迁返回基态，同时释放出红光。辐射跃迁则是指伴随光发射的电子跃迁。随着温度的升高，部分电子会获得足够的能量以克服活化能ΔE，从而跃迁至$^4G_{5/2}$能级与电荷转移带（CTB）的交叉点（路径b）。从这个交叉点开始，这些电子更倾向于通过热猝灭过程迅速返回$^6H_{5/2}$基态，而不是通过辐射跃迁发光。这种热猝灭过程会导致Sm^{3+}的发光强度降低。在活化能较低的情况下，由于热猝灭效应的影响更为显著，荧光粉的发射强度会迅速下降。相反，在活化能较高的情况下，荧光粉的发射强度降低的速度会相对较慢，从而表现出更好的热稳定性。图5-25详细描绘了荧光粉在紫外光激发下发出红光的过程，以及发光强度因热猝灭效应而降低的机理。

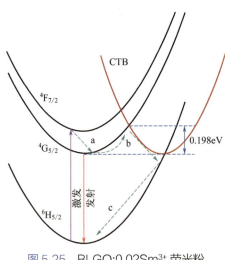

图 5-25　BLGO:0.02Sm³⁺ 荧光粉的热猝灭过程

（3）BaLaGaO₄:Sm³⁺ 的荧光寿命

图 5-26 展示了在室温条件下，BLGO:xSm³⁺（x=0.005，0.01，0.02，0.04，0.06）的寿命衰减曲线。这些寿命数据是在 405nm 激发光照射下，通过监测 600nm 的发射光获得的。我们采用指数衰减方程（5-4）对测得的寿命曲线进行了评估，并利用式（5-5）计算出了平均寿命τ。具体而言，当x=0.005、0.01、0.02、0.04 和 0.06 时，BLGO:xSm³⁺ 的平均寿命分别为 1.35ms、1.26ms、1.04ms、0.71ms 和 0.47ms。可以明显看出，随着 Sm³⁺ 浓度的增加，荧光粉的寿命呈现出逐渐缩短的趋势。这一趋势可以通过公式（5-7）来解释：

$$\tau = \frac{1}{K_r + K_i} \tag{5-7}$$

式中，τ 为实验测得的寿命；K_r 为在相同状态下的辐射性衰变速率；K_i 为非辐射性衰变速率。随着 Sm³⁺ 浓度的增加，由于能量转移效应的增强，K_r 和 K_i 的值都会相应增加，从而导致 τ 的值逐渐减小。

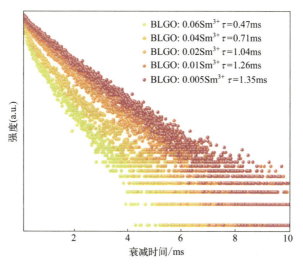

图 5-26　BLGO:*x*Sm³⁺ 的荧光寿命衰减曲线

（4）BaLaGaO₄:Sm³⁺ 的量子产率

为了更深入地了解 BLGO:0.02Sm³⁺ 荧光粉的发光特性，我们对其量子产率进行了测定并利用式（3-3）计算出了 BLGO:0.02Sm³⁺ 荧光粉的量子产率。如图 5-27 所示。在 405nm 光的激发下，BLGO:0.02Sm³⁺ 的量子产率达到了 40.51%，这一数值高于其他 Sm³⁺ 掺杂的荧光粉。这一结果表明，该红色荧光粉在白光 LED 领域具有广阔的应用前景。

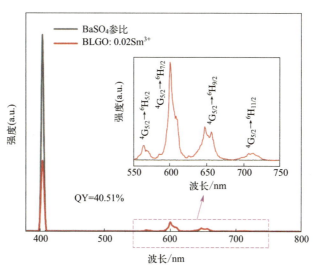

图 5-27　BLGO:0.02Sm³⁺ 的量子产率（BaSO₄ 作为参比）（插图：550 ~ 750nm 处的放大图）

5.3.3 BaLaGaO$_4$:Sm^{3+} 的应用

（1）BaLaGaO$_4$:Sm^{3+} 在 WLED 中的应用

为了探索 BLGO:0.02Sm^{3+} 荧光粉在 WLED 中的潜在应用价值，我们将其与两种商业荧光粉进行了混合，并将混合物封装在 405nm 激发的 LED 芯片上。通过进行电光测试，详细考察了荧光粉在实际应用环境中的性能表现。在本次实验中，我们继续选用 BaMgAl$_{10}$O$_{17}$:Eu^{2+}（蓝色荧光粉）和 (Ba, Sr)$_2$SiO$_4$:Eu^{2+}（绿色荧光粉）这两种商用荧光粉与 BLGO:0.02Sm^{3+} 进行混合。将它们共同封装到 405nm LED 芯片上后，采用 600mA 的电流驱动 LED，以测试其电致发光特性。

测试结果如图 5-28（a）所示，当 LED 被电流驱动时，发出了明亮的白光。这一结果表明，BLGO:0.02Sm^{3+} 荧光粉与商用荧光粉的混合物能够有效地产生白光发射。该 WLED 的色温约为 4648K，处于适合室内照明及其他多种应用场景的舒适色温区间内。此外，其显色指数高达 91.9，显示出 WLED 在再现物体颜色方面的卓越能力，这是照明应用中的一项关键指标。其色度坐标如图 5-29（a）所示。如图 5-28（b）所示，BLGO:0.02Sm^{3+} 荧光粉的发射光谱呈现出四个与 Sm^{3+} 跃迁相对应的特征区域，分别为：$^4G_{5/2} \rightarrow \,^6H_{5/2}$、$^4G_{5/2} \rightarrow \,^6H_{7/2}$、$^4G_{5/2} \rightarrow \,^6H_{9/2}$ 和 $^4G_{5/2} \rightarrow \,^6H_{11/2}$。在 100 ～ 700mA 的电流范围内，所有发光材料的发射光谱形状和位置均保持相对稳定，仅发光强度有所增加。该范围内的 CCT 和 Ra 也表现出良好的稳定性，其中 Ra 主要集中在 91 左右，CCT 则接近 4500K。图 5-29（b）中的色度坐标图进一步验证了 CCT 和 CIE 色度坐标在 100 ～ 700mA 电流范围内的高度稳定性。综上所述，BLGO:Sm^{3+} 荧光粉在 WLED 中展现出了卓越的光学性能和颜色稳定性。这些特性使其成为照明和显示应用的优选材料，有望为未来的 LED 技术带来性能上的提升和用户体验的优化。

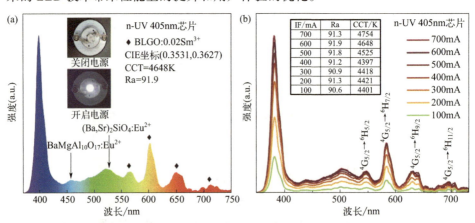

图 5-28 （a）制作的 WLED 的电致发光光谱（插图：WLED 器件照片）；（b）在不同驱动电流下 WLED 的发射光谱

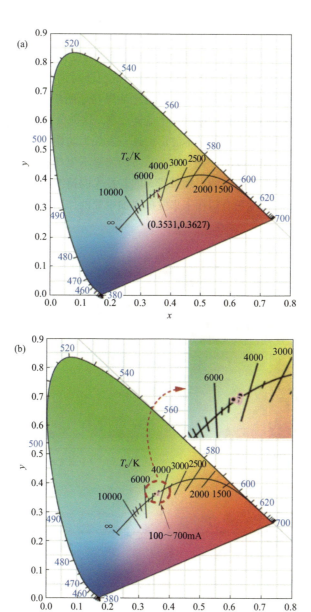

图 5-29 （a）WLED 的 CIE 色度坐标；（b）在不同驱动电流下 WLED 的 CIE 色度坐标

（2）BaLaGaO$_4$:Sm^{3+} 在防伪油墨中的应用

在本研究中，我们探索了 BLGO:0.02Sm^{3+} 荧光粉作为防伪油墨在多种材料上的应用，包括黑纸、玻璃、牛皮纸以及标签纸。实验结果显示，这些表面均能良好地承载该防伪油墨，并展现出优异的附着力和发光特性。具体而言，如图 5-30 所示，该防伪油墨在普通光下呈现乳白色，而在特定光源激发下，由 BLGO:0.02Sm^{3+}荧光粉制备的油墨则表现出明亮、均匀且高清晰度的发光效果。此外，该油墨在 PVA 介质中展现出了良好的溶解性和分散性。我们还对油墨的光致发光光谱进行了测试，结果如图 5-30（b）所示。通过对比油墨与原始粉末的 PL 光谱，我们发现油墨的 PL 光谱特征峰与粉末的特征峰完全一致，这充分证明了将粉末加工成油墨的过程并未改变其发射光谱的基本波形。这一发现为防伪油墨的应用提供了更为广阔的空间。因此，BLGO:0.02Sm^{3+} 荧光粉防伪油墨不仅具备出色的防伪性能，还能为消费者提供一种简便有效的识别手段。随着技术的持续进步和防伪需求的不断增长，这种荧光粉防伪油墨有望在未来发挥更加重要的作用，展现出巨大的市场潜力和应用价值。

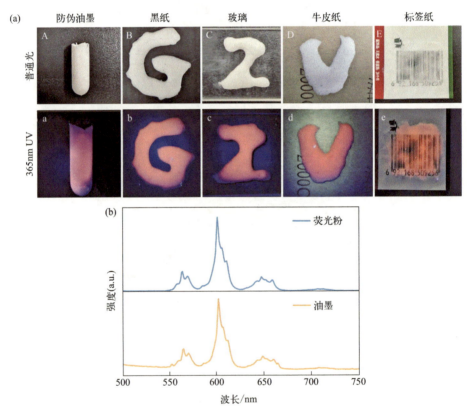

图 5-30 （a）用 BLGO:0.02Sm^{3+} 荧光粉制备的防伪油墨及应用；（b）BLGO: 0.02Sm^{3+} 荧光粉和油墨的光谱

5.3.4 小结

在本节中，我们成功通过高温固相反应合成了 BLGO:xSm^{3+} 荧光粉，并对其进行了详尽的表征。利用 XRD、SEM 及 EDS 等分析手段，我们深入探究了该荧光粉的元素构成与相结构特征。研究结果显示，所合成的 BLGO:xSm^{3+} 荧光粉与 BaLaGaO$_4$ 基质材料在形貌与相结构上高度一致，且 Sm^{3+} 已成功掺入晶格中，未对基质晶体结构及形貌产生显著影响。对 BLGO:xSm^{3+} 荧光粉的激发光谱进行分析发现，在 600nm 波长监测下，其展现出多个激发带，分别位于 346nm、362nm、378nm、405nm、440nm 和 468nm。当以 405nm 波长激发时，光谱在 563nm、600nm、648nm 和 708nm 处呈现强发射带，其中 600nm 处的最亮橙色发射归因于 Sm^{3+} 的 $^6H_{7/2} \rightarrow {}^4G_{5/2}$ 跃迁。为全面研究 BLGO:Sm^{3+} 的光致发光性能，我们测试了样品在 398K 至 473K 温度范围内的变温光谱，结果显示在 423K 时，BLGO:Sm^{3+} 荧光粉的发光强度仍能保持其初始值的 71.6%，表明其具备出色的热稳定性。进一步计算得出热猝灭过程的活化能 ΔE 为 0.198eV，进一步验证了其优异的热稳定性。此外，BLGO:0.02Sm^{3+} 的量子产率经测量为 40.51%。最后，我们将商用蓝、绿色荧光粉与合成的 BLGO:Sm^{3+} 样品混合并封装成 WLED。在 700mA 正向电流驱动下，WLED 器件发出明亮的白光。测试结果显示，该 WLED 的显色指数 Ra 高达 91.9，相关色温 CCT 为 4648K。值得注意的是，在 100～700mA 不同驱动电流下，WLED 的 Ra 均保持在 90 以上，CCT 均低于 5000K。通过与商用荧光粉的混合封装，我们实现了高显色指数与适宜色温的组合，满足了不同照明场景的需求。这些研究结果为 BLGO:Sm^{3+} 荧光粉的应用提供了有力支撑，同时也为固态照明技术的发展带来了新的契机。

5.4 BaLaGaO$_4$:Dy^{3+}/Sm^{3+} 的发光性能与应用

镝（Dy），元素符号 Dy，原子序数为 66，其相对原子质量约为 162.5。这种金属以其高硬度及活泼的化学性质著称，易于与氧气发生氧化反应，并能迅速与水反应，同时可溶于多种酸中。镝是一种相对活泼的金属元素，其常见的化合价为正三价。在应用领域上，镝展现出多样化的功能。它可用于中子流量的精确测量，作为磷的荧光活化剂提升检测灵敏度，并且是钕铁硼永磁体的重要添加剂，能够增强材料的磁性能。此外，镝还是原子核反应堆燃料的关键成分之一。当 Dy^{3+} 被掺杂到荧光粉中时，能够产生蓝光和黄光两种不同的发光现象。这两种光的发光特性存在显著差异：蓝光的发射峰值主要集中在 480nm 附近，对应于 $^4F_{9/2} \rightarrow {}^6H_{15/2}$ 的能级跃迁；而黄光的发射峰值则主要在 580nm 附近，对应于 $^4F_{9/2} \rightarrow {}^6H_{13/2}$ 的能级跃迁。值得注意的是，Dy^{3+} 在不同晶格中的位置对称性差异会导致蓝光和黄光的强度比例发生变化。进一步观察发现，Dy^{3+} 的蓝色波长发射对周围环境的变化相对不敏感，而黄色波长的发射则对局部环境的变化异常敏感。物质的共价性对 Dy^{3+} 的黄色发射强度有显著影响，两者之间存在正相关关系。因此，通过精确调控黄光与蓝光的强度比例，科研人员可以开发出更接近自然白光的荧光材料，为照明和显示技术提供新的可能。

三价镝离子（Dy^{3+}）具有从 $^4F_{9/2}$ 到 $^6H_{I/2}$（I=11，13，15）的一系列特征跃迁。Dy^{3+} 的主要发射峰位于蓝色（475～485nm）和黄色（570～580nm）区域，分别对应于磁偶极跃迁（$^4F_{9/2} \rightarrow {}^6H_{15/2}$）和电偶极跃迁（$^4F_{9/2} \rightarrow {}^6H_{13/2}$）。蓝色和黄色发射的组合能够实现白光发射。然而，仅掺杂 Dy^{3+} 的样品由于红光发射不足，也表现出色彩还原性差和高色温的缺点。值得注意的是，Sm^{3+} 由于 $^4G_{5/2} \rightarrow {}^6H_{I/2}$（$I$=5，7，9）跃迁，可产生一系列从橙色到红色的强发射峰。因此，Sm^{3+} 被广泛用作红色荧光粉中的掺杂离子。Sm^{3+} 在红色区域的发射可以很好地弥补 Dy^{3+} 掺杂荧光粉在红色发射方面的不足。这表明 Dy^{3+} 和 Sm^{3+} 共掺杂可能是实现暖白光发射的有效解决方案。此外，由于 Sm^{3+} 和 Dy^{3+} 的激发能级之间存在特定差异，会发生从 Dy^{3+} 到 Sm^{3+} 的能量转移。已经发现，这种能量转移可以实现单相白光发射。基于此，本章将选取 Dy^{3+} 与 Sm^{3+}，共同探索其在单相白光荧光粉中的应用潜力。

5.4.1 BaLaGaO₄:Dy³⁺/Sm³⁺ 的制备及微观结构

（1）BaLaGaO₄:Dy³⁺/Sm³⁺的制备

采用 4.2.1 节的方法和流程制备了一系列具有不同组成的 BLGO:xDy^{3+}（x=0，0.02，0.04，0.06，0.08，0.10，0.12）、BLGO:0.04Sm^{3+} 以及 BLGO:0.04Dy^{3+}，ySm^{3+}（y=0，0.01，0.02，0.03，0.04，0.05，0.06）荧光粉。所选原料包括 BaCO$_3$（99.99%）、La$_2$O$_3$（99.99%）、Ga$_2$O$_3$（99.99%）、Sm$_2$O$_3$（99.99%）和 Dy$_2$O$_3$（99.99%），烧结温度为 1300℃，时间 5h。

（2）BaLaGaO₄:Dy³⁺/Sm³⁺ 的物相

图 5-31 为 BLGO、BLGO:0.04Dy^{3+}、BLGO:0.04Sm^{3+} 以及 BLGO:0.04Dy^{3+}，0.04Sm^{3+} 样品的 XRD 衍射图，从图中可以看出，这些样品的主要衍射峰与相应的计算标准 XRD 衍射图谱的主要衍射峰相吻合。同时，检测到了少量的 BaGa$_2$O$_4$ 杂质，这是在 1300～1400℃温度范围内产生的已知副产物。图 5-32（a）展示了 BaLaGaO$_4$ 的晶体结构，关于 Dy^{3+} 和 Sm^{3+} 的占位情况，可以通过公式（4-5）计算，对于配位数为 8 和 9 的情况，Dy^{3+} 的离子半径分别为 1.027Å 和 1.083Å，Sm^{3+} 的离子半径分别为 1.079Å 和 1.132Å。在 BaLaGaO$_4$ 中，Ba^{2+}（CN=9）的离子半径为 1.47Å，La^{3+}（CN=8）的离子半径为 1.16Å。通过计算得出，Ba^{2+}（CN=9）与 Dy^{3+}（CN=9）的半径差比率为 26.3%，Ba^{2+}（CN=9）与 Sm^{3+}（CN=9）的半径差比率为 22.9%，La^{3+}（CN=8）与 Dy^{3+}（CN=8）的半径差比率为 2.7%，La^{3+}（CN=8）与 Sm^{3+}（CN=8）的半径差比率为 2.4%。此外，Dy 和 Sm 与 La 同属于镧系金属，因此 Dy^{3+}、Sm^{3+} 可以有效地替代晶格中的 La^{3+}。

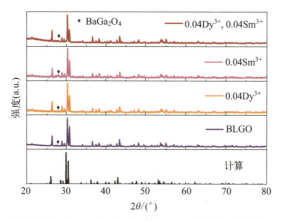

图 5-31　BaLaGaO₄:Dy³⁺/Sm³⁺ 的 XRD 衍射图

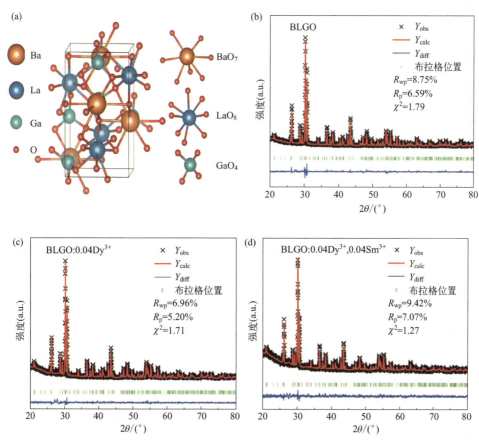

图 5-32　BaLaGaO₄ 的晶体结构及 Rietveld 精修图

采用慢速扫描 X 射线衍射分析和 Rietveld 精修技术，对 BLGO、BLGO:0.04Dy^{3+} 以及 BLGO:0.04Dy^{3+}, 0.04Sm^{3+} 的样品进行了测试拟合。图 5-32（b）～（d）分别对应展示了 BLGO、BLGO:0.04Dy^{3+} 以及 BLGO:0.04Dy^{3+}, 0.04Sm^{3+} 的精修结果。相关的精修数据被整理并呈现在表 5-7 中。所有合成样品的 R_{wp} 和 R_p 收敛因子均小于 10%，且所有样品的 χ^2 值均小于 2，这充分证明了精修数据的可靠性。XRD 分析和 Rietveld 谱拟合的证据表明，Dy^{3+} 和 Sm^{3+} 已成功掺入 BaLaGaO$_4$ 中。此外，掺杂样品中晶胞体积的减小，暗示着 Dy^{3+}、Sm^{3+} 可能取代了 BaLaGaO$_4$ 主体晶格中更大的离子。

表 5-7　Rietveld 精修结果

样品	BLGO	BLGO:0.04Dy^{3+}	BLGO:0.04Dy^{3+}, 0.04Sm^{3+}
空间群	$P2_12_12_1$	$P2_12_12_1$	$P2_12_12_1$
a/Å	5.90921	5.90337	5.90014
b/Å	7.26407	7.25789	7.25403
c/Å	10.01198	10.00511	10.00454
V/Å^3	429.763	428.679	428.192
Z	4	4	4
R_p/%	8.75	6.96	9.42
R_{wp}/%	6.59	5.20	7.07
χ^2	1.79	1.71	1.27

（3）BaLaGaO$_4$:Dy^{3+}/Sm^{3+} 的 SEM 和 EDS

烧结后的 BLGO、BLGO:0.04Dy^{3+} 以及 BLGO:0.04Dy^{3+}, 0.04Sm^{3+} 的 SEM 图像如图 5-33（a）～（c）所示。这些图像表明，样品由密集且大小各异的颗粒组成，颗粒尺寸从几微米到几十微米不等。图 5-33（d）～（j）展示了 BLGO:0.04Dy^{3+}, 0.04Sm^{3+} 荧光粉的元素分布图，显示出 Ba、La、Ga、O、Dy 和 Sm 等元素在颗粒表面均匀分布。图 5-33（k）呈现了样品的 EDS 数据，揭示了样品中存在基质和掺杂元素的独特峰值，且未观察到其他物质的特征峰。EDS 结果证实了所有预期元素的存在。这些元素在样品中的均匀分布验证了 Dy^{3+} 和 Sm^{3+} 有效掺入 BaLaGaO$_4$ 晶格中。

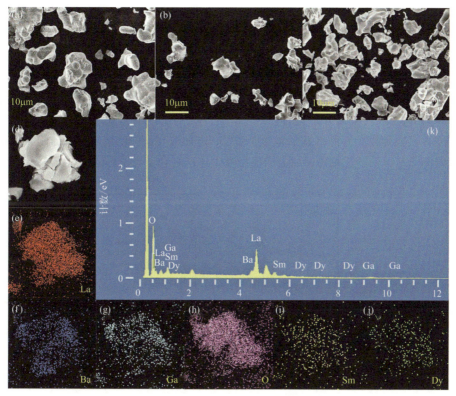

图 5-33　BLGO:0.04Dy³⁺, 0.04Sm³⁺ 的 SEM、EDS 及元素分布图:(a)~(c)BLGO、BLGO:0.04Dy³⁺ 以及 BLGO:0.04Dy³⁺, 0.04Sm³⁺ 的 SEM 图;(d)~(j)元素分布图;(k)EDS 图

5.4.2　BaLaGaO₄:Dy³⁺/Sm³⁺ 的吸收光谱

图 5-34(a)展示了在 $200\sim750$nm 波长范围内,BLGO 中掺杂不同浓度 Dy³⁺($x=0$,0.04,0.08,0.12)的吸收光谱。值得注意的是,在大约 349nm、365nm、386nm 和 453nm 处观察到四个明显的吸收峰。这些峰分别对应于 Dy³⁺ 的 $^6H_{15/2}\rightarrow{}^6P_{7/2}$、$^6H_{15/2}\rightarrow{}^6P_{5/2}$、$^6H_{15/2}\rightarrow{}^4I_{13/2}$ 和 $^6H_{15/2}\rightarrow{}^4I_{15/2}$ 的电子跃迁。为了确定 BLGO:Dy³⁺ 复合材料的带隙能量(E_{gap}),我们使用了 Tauc 光学带隙方程来处理从吸收光谱中获得的带隙数据:

$$(\alpha h\nu)^n = C(h\nu - E_{gap}) \tag{5-8}$$

式中,α 为吸收系数,是衡量材料对光吸收能力的一个重要参数,当光线穿透材料时,部分光线会被吸收,而 α 就是用来量化这种吸收能力的;$h\nu$ 为入射光子的能量;C 为一个比例常数;n 为指数,其取值根据材料特性而定,通常为 2 或 1/2。

其中，n=2 代表直接跃迁，而 n=1/2 则代表间接跃迁。我们在前面的计算中得到 BLGO 是一种直接带隙半导体，因此在这里 n 取值为 2。图 5-34（a）中的插图展示了光子能量（hv）与吸收系数和光子能量乘积的平方（ahv）² 之间的相关性图，并附有最佳拟合线。通过此分析，我们得出 BLGO 中掺杂不同浓度 Dy³⁺（x=0，0.04，0.08，0.12）的带隙能量依次为 3.97eV、3.94eV、3.92eV 和 3.90eV。这主要是因为掺杂的 Dy³⁺ 取代了部分原有的 La³⁺。由于 Dy³⁺ 与 La³⁺ 在离子半径和电荷状态上的差异，会导致局部晶格发生畸变或膨胀，进而改变晶体的结构。带隙的减小意味着电子从导带跃迁到价带所需的能量减少，这有利于光子的激发过程。

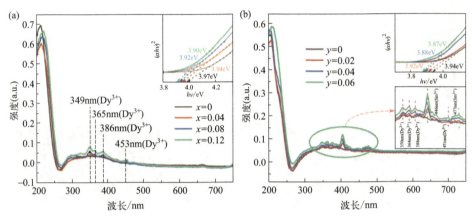

图 5-34 （a）BLGO:xDy³⁺ 的吸收光谱及 hv 与（ahv）² 关系图；（b）BLGO: 0.04Dy³⁺, ySm³⁺ 的吸收光谱及 hv 与（ahv）² 关系图

此外，如图 5-34（b）所示，在 BLGO:0.04Dy³⁺ 样品中改变 Sm³⁺ 的掺杂浓度（y=0，0.02，0.04，0.06）会影响在 200～750nm 波长范围内的吸收光谱。右下角显示的插图突出了 Dy³⁺ 和 Sm³⁺ 的特征吸收峰。应用方程（5-8）计算拟合数据后，我们发现随着 Sm³⁺ 浓度的增加，带隙能量从 3.94eV 降低至 3.87eV。这些拟合的带隙值与 BLGO 的理论计算带隙值相近。

5.4.3 BaLaGaO₄:Dy³⁺/Sm³⁺ 的发光性能

（1）BaLaGaO₄:xDy³⁺ 的光致发光特性

图 5-35（a）展示了 BLGO:0.04Dy³⁺ 荧光粉的激发光谱和发射光谱，其中 PLE 光谱是在监测 575nm 波长下获得的，而 PL 发射光谱则是在 350nm 激发波长下获得的。在 PLE 光谱中，可以观察到 7 个明显的激发峰，分别位于 324nm、350nm、365nm、385nm、426nm、453nm 和 472nm 波长处。这些峰对应于 Dy³⁺ 从基态 $^6H_{15/2}$ 到（$^6P_{3/2}$，$^6P_{7/2}$，$^6P_{5/2}$，$^4I_{13/2}$，$^4G_{11/2}$，$^4I_{15/2}$，$^4F_{9/2}$）的电子跃迁。图 5-35（a）右侧

的伴随部分显示，在 350nm 激发下，发射光谱呈现两个主要的发射带，分别位于 480nm 和 572nm，表现为蓝色和黄色发射，同时还有一个强度较弱的 666nm 发射带。其中，572nm 处的峰最为强烈，代表 $^4F_{9/2} \rightarrow {}^6H_{13/2}$ 跃迁，这表明 Dy^{3+} 在主体晶格中处于不对称位置[12]。

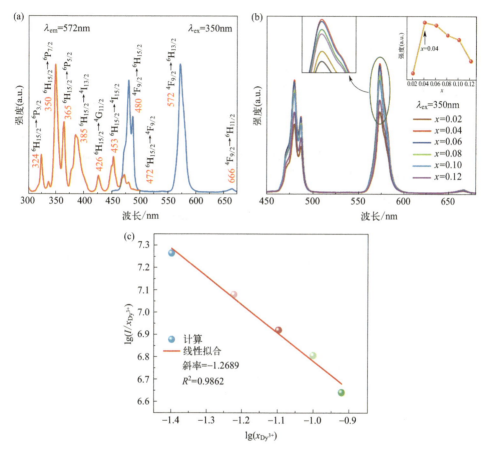

图 5-35 （a）BLGO:0.04Dy³⁺ 的激发（左）和发射光谱（右）；（b）BLGO:xDy³⁺ 的发射光谱（插图：发射强度随 x 的变化）；（c）lg(I/x) 与 lg$x$ 之间的关系拟合图

对于 BLGO:xDy³⁺ 荧光粉而言，其发射光谱主要包括一个以 572nm 为中心的黄色发光带，这是由 $^4F_{9/2} \rightarrow {}^6H_{13/2}$ 的电偶极跃迁产生的，以及一个以 480nm 为中心的蓝色发光带，这是由 $^4F_{9/2} \rightarrow {}^6H_{15/2}$ 的磁偶极跃迁产生的。Dy³⁺ 的发射强度会根据其在主体晶格中的晶位而有所不同。此外，一般认为，当 Dy³⁺ 位于具有高度对称性和反转中心的位置时，主导跃迁为 $^4F_{9/2} \rightarrow {}^6H_{15/2}$ 的磁偶极跃迁（蓝色发光）；而当 Dy³⁺ 位于低对称性且无反转中心的位置时，主导跃迁则为 $^4F_{9/2} \rightarrow {}^6H_{13/2}$ 的电偶极跃迁（黄色发光）[13]。具体来说，当 Dy³⁺ 占据对称性降低的位置时，相较于磁偶极跃迁，它会主要展现出更强的电偶极跃迁，从而产生显著的黄色光。相反，在 Dy^{3+} 处于较高对称性的环境中时，磁偶极跃迁会比电偶极跃迁更为显著，可能会导致蓝色光发射。这种行为在图 5-35（b）中得到了体现，其中 572nm 处的黄色光发射由于更强的电偶极跃迁而超过了 480nm 处的蓝色发射。此外，图 5-35（b）还显示，随着 Dy^{3+} 浓度的增加，BLGO:xDy^{3+} 荧光粉的发射强度先增加后降低，在掺杂水平 $x=0.04$ 时达到峰值。超过这一最佳浓度后，由于"浓度猝灭"效应，发光效率会降低，这是在高掺杂水平下观察到的常见现象。

对于 BLGO:$0.04Dy^{3+}$ 样品，我们可计算出在 BLGO 中，Dy^{3+} 之间的 R_c 约为 17.2Å。这一远大于 5Å 的 R_c 值表明，在 BLGO:xDy^{3+} 荧光粉中，猝灭机制主要由多极相互作用引起。根据 Dexter 的理论框架，我们进一步分析了 BLGO:xDy^{3+} 中这些多极相互作用的细节，图 5-35（c）描绘了 $\lg(I/x)$ 与 $\lg x$ 之间的关系。通过线性拟合分析，拟合系数 $R^2=0.9862$，根据计算，斜率 $(-Q/3)$ 确定为 -1.2689，从而得出 Q 值为 3.8067。由于 Q 值更接近 6，这表明在 BLGO:Dy^{3+} 荧光粉中观察到的猝灭现象主要由偶极 - 偶极相互作用引起。

（2）$BaLaGaO_4$:$0.04Dy^{3+}$/ySm^{3+} 的光致发光特性

为了开发出能够发射暖白光的单相荧光粉，我们合成了一系列 BLGO:$0.04Dy^{3+}$, ySm^{3+} 样品，其中 Sm^{3+} 的浓度（$y=0$, 0.01, 0.02, 0.03, 0.04, 0.05, 0.06）不同。图 5-36（a）展示了 BLGO:$0.04Dy^{3+}$ 和 BLGO:$0.04Sm^{3+}$ 的 PLE 光谱，结果表明，掺杂了 Dy^{3+} 和 Sm^{3+} 的 BLGO 荧光粉在 365nm 附近有一个共同的激发带。图 5-36（b）提供了 BLGO:$0.04Dy^{3+}$、BLGO:$0.04Sm^{3+}$ 以及 BLGO:$0.04Dy^{3+}$, $0.04Sm^{3+}$ 的 PL 发射光谱。在 365nm 激发下，共掺样品显示出两种离子的组合发射峰；特别是，BLGO:$0.04Dy^{3+}$, $0.04Sm^{3+}$ 的光谱在 480nm 和 572nm 处呈现 Dy^{3+} 发射的特征峰，同时在 600nm 和 647nm 处呈现 Sm^{3+} 发射的特征带。

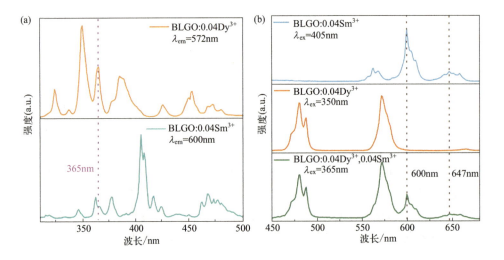

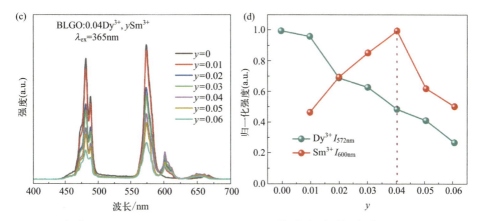

图 5-36 （a）BLGO:0.04Dy³⁺ 和 BLGO:0.04Sm³⁺ 的激发光谱；（b）BLGO: 0.04Dy³⁺、BLGO:0.04Sm³⁺ 以及 BLGO:0.04Dy³⁺, 0.04Sm³⁺ 的发射光谱；（c）BLGO: 0.04Dy³⁺, ySm³⁺ 的发射光谱；（d）归一化发射强度随 y 值的变化曲线

图 5-36（c）描绘了 BLGO 荧光粉在固定掺杂 0.04Dy³⁺ 的基础上，逐渐增加 Sm³⁺ 掺杂量（0，0.01，0.02，0.03，0.04，0.05，0.06）时的发射光谱数据。随着 Sm³⁺ 浓度的逐渐增加，Dy³⁺ 的特征发射峰强度明显降低。相反，与 Sm³⁺ 相关的发射峰强度随着 Sm³⁺ 含量的增加而先增强，在掺杂量 y=0.04 时达到峰值强度。超过此值后，由于浓度猝灭效应的出现，发射强度开始下降。这一趋势在图 5-36（d）的归一化 PL 光谱中得到了清晰展示。观察到的现象表明，在 BLGO 中共掺 0.04Dy³⁺ 和不同量的 Sm³⁺ 时，存在从 Dy³⁺ 向 Sm³⁺ 的能量转移机制。由此推测，通过调整 Dy³⁺ 和 Sm³⁺ 的相对掺杂量，可以微调发射特性，从而在共掺的 BLGO:0.04Dy³⁺, ySm³⁺ 荧光粉中实现所需的白光品质。

（3）BaLaGaO₄:Dy³⁺/Sm³⁺ 的能量传递机理

在 BLGO:0.04Dy³⁺, ySm³⁺ 荧光粉中，作为敏化剂的 Dy³⁺ 向作为激活剂的 Sm³⁺ 转移能量的效率（η_T）可以通过一个特定的公式进行量化[14]：

$$\eta_T = \left(1 - \frac{I}{I_0}\right) \times 100\% \tag{5-9}$$

式中，η_T 为 Dy³⁺ 向 Sm³⁺ 转移能量的效率；I 为 Sm³⁺ 存在下 Dy³⁺ 的发射强度；I_0 为在没有掺杂 Sm³⁺ 时 Dy³⁺ 的发射强度。图 5-37（a）展示了在 BLGO:0.04Dy³⁺, ySm³⁺ 样品中，Dy³⁺ 向 Sm³⁺ 的能量转移效率随 Sm³⁺ 的摩尔比（y）的变化。随着 Sm³⁺ 含量的增加，η_T 呈现出明显的上升趋势，其值从 3% 增加到 72%。这一增长表明，在 BaLaGaO₄ 晶格中，Dy³⁺ 向 Sm³⁺ 发生了有效的能量转移。宿主晶格中离子间能量传递的机制可以通过 Dexter 公式和 Reisfeld 近似进行解析描述[15-18]：

$$\frac{I_0}{I} \propto C^{n/3} \tag{5-10}$$

式中，I_0 为只有 Dy^{3+} 作为掺杂剂掺入基质时固有的初始发射强度；I 为宿主晶格结构中与 Sm^{3+} 共掺杂后 Dy^{3+} 的发射强度；C 为 Dy^{3+} 和 Sm^{3+} 的总掺杂浓度；n 为分类引发能量转移的相互作用机制：6 表示偶极 - 偶极（d-d），8 表示偶极 - 四极（d-q），10 表示四极 - 四极（q-q）相互作用[19]。图 5-37（b）展示了 I_0/I 与每种相互作用类型（$n=6$，8，10）的 $C^{n/3}$ 的拟合图。发现 R^2 最接近 1 的 n 值为 10，拟合结果表明，能量转移机制主要通过四极 - 四极相互作用发生。

为了进一步验证合成样品中 Dy^{3+} 向 Sm^{3+} 的能量转移，我们在室温下进行了寿命测量。图 5-37（c）展示了具有不同 Sm^{3+} 浓度（$y=0$，0.02，0.04，0.06）的 $BLGO:0.04Dy^{3+}$, ySm^{3+} 荧光粉的衰减曲线。在 365nm 激发波长下，通过监测 572nm 处的发射（Dy^{3+} 的特征发射之一）来确定这些共掺杂样品的寿命。使用指数衰减方程分析从这些测量中获得的衰减曲线[20]：

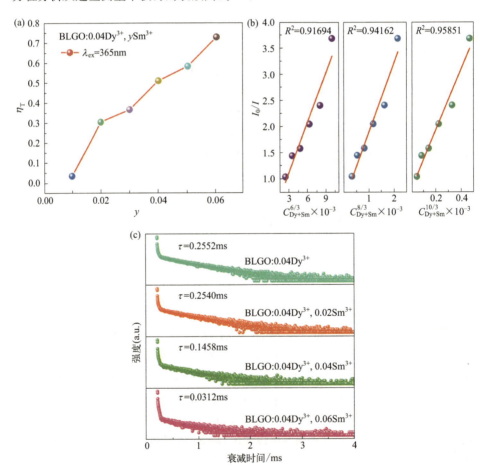

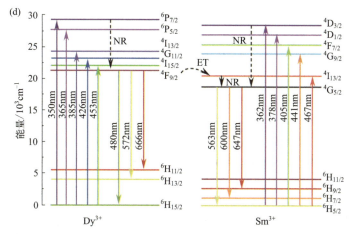

图 5-37 （a）η_T 随 y 的变化；（b）I_0/I 与 $C^{n/3}$（n=6，8，10）的关系图；（c）BLGO: 0.04Dy^{3+}, ySm^{3+} 的荧光寿命衰减曲线；（d）Dy^{3+} 向 Sm^{3+} 能量传递的示意图

$$I(t) = I_0 + A_1 \exp(-t/\tau_1) + A_2 \exp(-t/\tau_2) + A_3 \exp(-t/\tau_3) \tag{5-11}$$

式中，I_0 为激发后的原始强度；$I(t)$ 为衰减过程中时间 t 时的发光强度；A_1、A_2 和 A_3 为拟合常数；τ_1、τ_2 和 τ_3 为衰减曲线的指数分量。衰减过程的平均寿命可以通过以下公式获得[21]：

$$\tau_{\text{ave}} = \frac{A_1\tau_1^2 + A_2\tau_2^2 + A_3\tau_3^2}{A_1\tau_1 + A_2\tau_2 + A_3\tau_3} \tag{5-12}$$

得到 BLGO:0.04Dy^{3+}, ySm^{3+} 样品（y=0，0.02，0.04，0.06）的平均寿命（τ_{ave}）分别为：0.2552ms、0.2540ms、0.1458ms 和 0.0312ms。随着 Sm^{3+} 浓度的逐渐增加，Dy^{3+} 的衰减时间呈现出明显的缩短。这一观察到的缩短证明了从 Dy^{3+} 到 Sm^{3+} 的显著能量转移，其中 Sm^{3+} 数量的增加使其更易于接受能量，从而缩短了 Dy^{3+} 的激发态寿命，并加速了发光衰减。这一现象是非辐射能量转移过程的典型表现。

如图 5-37（d）所示，当 Dy^{3+} 被激发时，它们会从基态（$^6H_{15/2}$）跃迁到高能态，包括 $^6P_{7/2}$、$^6P_{5/2}$、$^4I_{13/2}$、$^4G_{11/2}$ 和 $^4I_{15/2}$。激发后，它们经历非辐射跃迁弛豫到 $^4F_{9/2}$ 能级。由于 Dy^{3+} 的 $^4F_{9/2}$ 与 Sm^{3+} 的 $^4I_{13/2}$ 足够接近，因此这两种离子之间可以发生有效的能量转移。当 Dy^{3+} 从激发的 $^4F_{9/2}$ 能级返回到基态时，它们会在 480nm、572nm 和 666nm 波长处发光。这些发射分别对应于从 $^4F_{9/2} \rightarrow {}^6H_{15/2}$、$^4F_{9/2} \rightarrow {}^6H_{13/2}$ 和 $^4F_{9/2} \rightarrow {}^6H_{11/2}$ 的跃迁。激发能量的大部分从 Dy^{3+} 的 $^4F_{9/2}$ 传递到 Sm^{3+} 的 $^4I_{13/2}$。由于 Dy^{3+} 的 $^4F_{9/2}$ 高于 Sm^{3+} 的 $^4I_{13/2}$，因此所描述的能量转移模式是单向的，为 Dy^{3+} 向 Sm^{3+} 的能量转移创造了有利条件。这种能量迁移遵循单向路径：Dy^{3+}($^4F_{9/2}$) $\rightarrow$ Sm^{3+}($^4I_{13/2}$)。

(4) BaLaGaO₄:Dy³⁺/Sm³⁺ 的热稳定性

我们测试了 BLGO:0.04Dy³⁺ 和 BLGO:0.04Dy³⁺, 0.04Sm³⁺（激发波长分别为 350nm 和 365nm）在 298 ～ 448K 温度范围内的发光强度，相关数据如图 5-38（a）、（d）所示。随着温度的升高，发光强度逐渐降低，这是由于热猝灭机制所致。此外，如图 5-38（b）、（e）所示，在 423K 的高温下，BLGO:0.04Dy³⁺ 和 BLGO:0.04Dy³⁺, 0.04Sm³⁺ 样品分别保持了其原始强度（298K 时测量）的 78% 和 86%，显示出良好的热稳定性。表 5-8 将 BLGO:Dy³⁺/Sm³⁺ 与其他已报道荧光粉的热性能进行了比较。所制备的荧光粉 BLGO:0.04Dy³⁺, 0.04Sm³⁺ 因其更高的热稳定性和更小的色度偏移而展现出显著优势。

表 5-8　BLGO:0.04Dy³⁺, 0.04Sm³⁺ 与其他荧光粉的热稳定性比较

样品	λ_{ex}/nm	强度衰减	色度位移	参考文献
NaLa(MoO₄)₂: Dy³⁺/Sm³⁺	297	63%（423K）	—	[22]
Sr₂LaGaO₅:Dy³⁺/Sm³⁺	320	50%（425K）	—	[23]
BaY₂ZnO₅: Dy³⁺/Sm³⁺	354	80%（423K）	—	[24]
K₃Y(PO₄)₂:Dy³⁺/Sm³⁺	297	70%（423K）	—	[25]
NaBaBi₂(PO₄)₃:Dy³⁺/Sm³⁺	363	81.79%（428K）	0.0267（478K）	[26]
Gd₂O₂S:Dy³⁺/Sm³⁺	369	53.73%（423K）	0.00820（423K）	[27]
Ca₂GaTaO₆:Dy³⁺/Sm³⁺	365	87%（423K）	0.00645（448K）	[28]
BaLaGaO₄:Dy³⁺/Sm³⁺	365	86%（423K）	0.00574（448K）	本工作

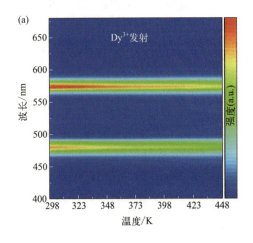

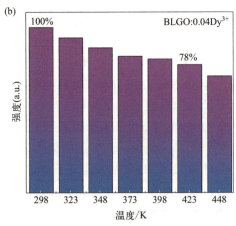

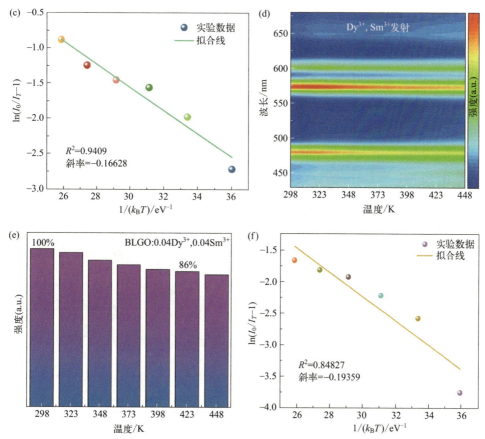

图 5-38 （a），（d）不同温度下，BLGO:0.04Dy^{3+} 和 BLGO:0.04Dy^{3+}, 0.04Sm^{3+} 的发射光谱的等高线图；（b），（e）BLGO:0.04Dy^{3+} 和 BLGO:0.04Dy^{3+}, 0.04Sm^{3+} 在不同温度下发射强度的归一化；（c），（f）ln(I_0/I_T−1) 与 1/(k_BT) 之间的关系图和拟合线

图 5-38（c）和（f）分别绘制了 BLGO:0.04Dy^{3+} 和 BLGO:0.04Dy^{3+}, 0.04Sm^{3+} 的 ln(I_0/I_T−1) 与 1/(k_BT) 的关系图。这些图展示了线性关系，从中可以辨别出斜率分别为 −0.16628 和 −0.19359。因此，BLGO:0.04Dy^{3+} 和 BLGO:0.04Dy^{3+}, 0.04Sm^{3+} 荧光粉的热猝灭活化能 ΔE 分别为 0.16628eV 和 0.19359eV。

（5）BaLaGaO$_4$:Dy^{3+}/Sm^{3+} 的 CIE 和 CCT

在 365nm 激发下，随着 Sm^{3+} 掺杂浓度的增加，从色度图 5-39（a）上可以看到，颜色逐渐从中性白向暖白转变，这表明单相 BLGO:Dy^{3+}/Sm^{3+} 荧光粉能够发出暖白光。表 5-9 列出了样品的 CIE 色度坐标、相关色温和颜色。表 5-9 中提供的 CCT 值是根据 CIE 色度坐标计算得出的。值得注意的是，随着 Sm^{3+} 浓度的增加，CCT 值逐渐降低，从 5507K 降至 3767K，表明发光颜色从自然白向暖白转变。暖白光通常被认为更有利于营造舒适的环境，减轻眼睛的压力和疲劳。因此，能够发出暖白光的 BLGO:0.04Dy³⁺, ySm³⁺ 共掺荧光粉在室内照明应用中具有更大的潜力。

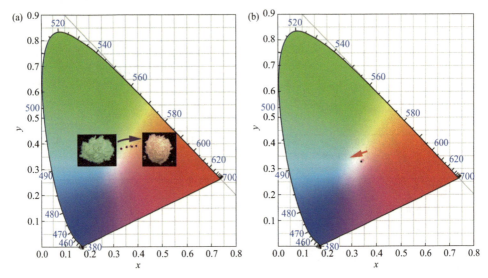

图 5-39 （a）BLGO:0.04Dy³⁺, ySm³⁺ 的 CIE 色度坐标；（b）BLGO:0.04Dy³⁺, 0.04Sm³⁺ 随温度变化的 CIE 色度坐标变化

表 5-9　所制备荧光粉的色度参数

样品	CIE 色度坐标	CCT/K	颜色
BLGO:0.04Dy³⁺	（0.3322，0.3814）	5507	中性白
BLGO:0.04Dy³⁺, 0.01Sm³⁺	（0.3552，0.3882）	4773	中性白
BLGO:0.04Dy³⁺, 0.02Sm³⁺	（0.3722，0.3901）	4299	中性白
BLGO:0.04Dy³⁺, 0.03Sm³⁺	（0.3765，0.3897）	4182	中性白
BLGO:0.04Dy³⁺, 0.04Sm³⁺	（0.3937，0.3915）	3767	暖白

此外，温度的变化同样会对发光质量产生影响。为评估温度对色度的影响，我们采用了色移（ΔS）作为评价指标。色移的计算公式为：

$$\Delta S = \sqrt{(u_t' - u_0')^2 + (v_t' - v_0')^2 + (w_t' - w_0')^2} \qquad (5\text{-}13)$$

式中，u'、v' 为 CIE 1931 色度坐标；0 为 298K 的温度条件；t 为 448K 的温度

条件；w 为 1 与（$u'+v'$）之差。已知 BLGO:0.04Dy^{3+}, 0.04Sm^{3+} 荧光粉在 298K 时 u'=0.3434，v'=0.3345；在 448K 时 u'=0.3386，v'=0.33。根据公式，可计算出 448K 时的色度坐标偏移为 0.00574。365nm 激发下，色度坐标偏移趋势如图 5-39（b）所示。如此小的偏移表明，即使在 448K 这样的高温下，BLGO:0.04Dy^{3+}, 0.04Sm^{3+} 样品仍具有良好的颜色稳定性。

5.4.4　BaLaGaO$_4$:Dy^{3+}/Sm^{3+} 的应用

为了评估 BLGO:0.04Dy^{3+}, 0.04Sm^{3+} 荧光粉在白光 LED 中的潜在应用，我们将 BLGO:0.04Dy^{3+} 和 BLGO:0.04Dy^{3+}, 0.04Sm^{3+} 荧光粉与环氧树脂混合，然后将这些混合物封装在 365nm 的 LED 芯片上，制成 LED。LED 的工作条件为 3.4V 和 0.6A。这些 LED 产生的电致发光光谱如图 5-40 所示。EL 光谱分析显示，使用 BLGO:0.04Dy^{3+} 荧光粉的 WLED 的色温值约为 3423K，而含有 BLGO:0.04Dy^{3+}, 0.04Sm^{3+} 荧光粉的 WLED 则表现出较低的 CCT 值，约为 2814K。后者 CCT 值的降低表明其向更暖的白光输出方向偏移。图 5-41 展示了在特定工作参数（3.4V，0.6A）下长时间工作的使用 BLGO:0.04Dy^{3+}, 0.04Sm^{3+} 荧光粉的 WLED 的热成像图。温度以摄氏度（℃）表示，这有助于了解 LED 设备在运行过程中的热性能和稳定性。图 5-41（a）中展示了连续运行 90min 后的照片和相应的热成像图，证明了 LED 可以在高温下连续工作，展示了 WLED 在长期使用场景下的耐久性。这些数据支持了 BLGO 共掺荧光粉在实际 WLED 应用中的可行性，表明它们可能适用于商业和住宅照明解决方案。

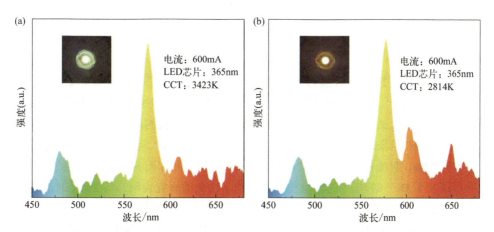

图 5-40　（a）使用 BLGO:0.04Dy^{3+} 荧光粉制作的 WLED 的电致发光光谱（插图：WLED 器件照片）；（b）使用 BLGO:0.04Dy^{3+}, 0.04Sm^{3+} 荧光粉制作的 WLED 的电致发光光谱（插图：WLED 器件照片）

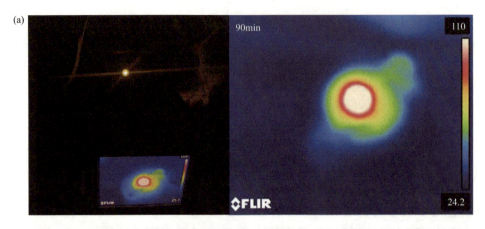

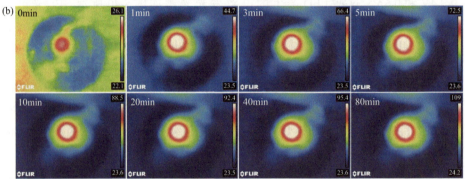

图 5-41　在 3.4V 电压下，使用 BLGO:0.04Dy^{3+}, 0.04Sm^{3+} 荧光粉制作的 LED 在不同运行时间下的热成像图

5.4.5　小结

在本研究中，我们通过高温固相反应法合成了一种新型单相荧光粉 BLGO:Dy^{3+}, Sm^{3+}，该荧光粉展现出卓越的发光特性。我们对其进行了全面的分析，包括物相确定、微观结构观察、光学性能评估、热稳定性测试以及能量传递相互作用研究。实验结果表明，在不同 Sm^{3+} 浓度的样品中，Dy^{3+} 向 Sm^{3+} 的最高能量传递效率为 72%，且能量传递机制被认为是四极 - 四极相互作用。荧光寿命曲线分析进一步证实了 Dy^{3+} 向 Sm^{3+} 的能量传递。热稳定性光谱研究表明，与 298K 时的光谱相比，BLGO:0.04Dy^{3+} 荧光粉在 423K 高温下仍保持了 78% 的初始发光强度。同样，BLGO:0.04Dy^{3+}, 0.04Sm^{3+} 荧光粉也保持了令人印象深刻的 86% 初始发射强度，且色度偏移仅为 0.00574，从而证明了其出色的热稳定性。根据 CIE 色度坐标和相关色温分析，Sm^{3+} 浓度的增加导致发射颜色逐渐从自然白转变为暖白光，同时所制备的白光 LED 的 CCT 值从 3423K 降低至 2814K。综上所述，这些研究结果表明，

BaLaGaO$_4$:Dy^{3+}, Sm^{3+} 荧光粉在实现低 CCT 暖白光发射方面具有巨大潜力，非常适合用于室内照明。

参考文献

[1] Sehrawat P，Khatkar A，Boora P，et al. Tailoring the tunable luminescence from novel Sm^{3+} doped SLAO nanomaterials for NUV-excited WLEDs[J]. Chemical Physics Letters，2020，755：137758.

[2] Qiu Y F，Cui R R，Zhang J，et al. A novel Eu^{3+}-doped SrLaGaO$_4$ red phosphor with high efficiency and color purity for WLED applications[J]. Journal of Solid State Chemistry，2023，327：124265.

[3] Wang Z，Wang Y，Sun Y，et al. Polarized spectral properties of Sm^{3+}:CaYAlO$_4$ crystal[J]. Optical Materials，2021，115：111066.

[4] Sehrawat P，Khatkar A，Boora P，et al. Combustion derived color tunable Sm^{3+} activated BaLaAlO$_4$ nanocrystals for various innovative solid state illuminants[J]. Chemical Physics Letters，2020，758：137937.

[5] Mondal A，Manam J. Structural，optical and temperature dependent photoluminescence properties of Cr^{3+}-activated LaGaO$_3$ persistent phosphor for optical thermometry[J]. Ceramics International，2020，46（15）：23972-23984.

[6] 令狐鹏 . 稀土掺杂 BaLaGaO$_4$ 发光材料的制备与性能研究 [D]. 贵阳：贵州大学，2024.

[7] Ling-Hu P，Guo X，Hu J，et al. Anomalous $^5D_0$ → $^7F_4$ transition of Eu^{3+}-doped BaLaGaO$_4$ phosphors for WLEDs and plant growth applications[J]. Advanced Optical Materials，2024，12（5）：2301760.

[8] Giannici F，Messana D，Longo A，et al. Crystal structure and local dynamics in tetrahedral proton-conducting La$_{1-x}$Ba$_{1+x}$GaO$_4$[J]. The Journal of Physical Chemistry C，2011，115（1）：298-304.

[9] Riseberg L A，Moos H W. Multiphonon orbit-lattice relaxation of excited states of rare-earth ions in crystals[J]. Physical Review，1968，174（2）：429.

[10] Moos H W. Spectroscopic relaxation processes of rare earth ions in crystals[J]. Journal of Luminescence，1970，1：106-121.

[11] Vij D R. Handbook of applied solid state spectroscopy[M]. Springer Science & Business Media，2007.

[12] Su Q，Pei Z，Chi L，et al. The yellow-to-blue intensity ratio （Y/B） of Dy^{3+} emission[J]. Journal of alloys and compounds，1993，192（1-2）：25-27.

[13] Yang L，Mu Z，Zhang S，et al. Dy^{3+} Doped Ca$_9$Gd(PO$_4$)$_7$: a novel single-phase full-color emitting phosphor[J]. Journal of Materials Science：Materials in Electronics，2018，29：6548-6555.

[14] Zhou H P，Jin Y，Jiang M S，et al. A single-phased tunable emission phosphor MgY$_2$Si$_3$O$_{10}$：Eu^{3+}，Bi^{3+} with efficient energy transfer for white LEDs[J]. Dalton Transactions，2015，44（3）：1102-1109.

[15] Li L，Tang X，Wu Z，et al. Simultaneously tuning emission color and realizing optical thermometry via efficient Tb^{3+} → Eu^{3+} energy transfer in whitlockite-type phosphate multifunctional phosphors[J]. Journal of Alloys and Compounds，2019，780：266-275.

[16] Shang M，Geng D，Yang D，et al. Luminescence and energy transfer properties of Ca$_2$Ba$_3$(PO$_4$)$_3$Cl and Ca$_2$Ba$_3$(PO$_4$)$_3$Cl：A（A=Eu^{2+}/Ce^{3+}/Dy^{3+}/Tb^{3+}）under UV and low-voltage electron beam excitation[J]. Inorganic Chemistry，2013，52（6）：3102-3112.

[17] Guo N，Li S，Chen J，et al. Photoluminescence properties of whitlockite-type Ca$_9$MgK(PO$_4$)$_7$:Eu^{2+}，Mn^{2+} phosphor[J]. Journal of Luminescence，2016，179：328-333.

[18] Reisfeld R，Greenberg E，Velapoldi R，et al. Luminescence quantum efficiency of Gd and Tb in borate

glasses and the mechanism of energy transfer between them[J]. The Journal of Chemical Physics, 1972, 56 (4): 1698-1705.

[19] Li S, Guo N, Liang Q, et al. Energy transfer and color tunable emission in Tb^{3+}, Eu^{3+} co-doped $Sr_3LaNa(PO_4)_3F$ phosphors[J]. Spectrochimica Acta Part A: Molecular and Biomolecular Spectroscopy, 2018, 190: 246-252.

[20] Wu H, Sun Z, Gan S, et al. Luminescence properties of Dy^{3+} or/and Sm^{3+} doped $LiLa(WO_4)_2$ phosphors and energy transfer from Dy^{3+} to Sm^{3+}[J]. Solid State Sciences, 2018, 85: 48-53.

[21] Judd B R. Optical absorption intensities of rare-earth ions[J]. Physical Review, 1962, 127 (3): 750.

[22] Kong L Z, Xiao X Z, Yu J, et al. Color-tunable luminescence properties of Sm^{3+}/Dy^{3+} co-doped $NaLa(MoO_4)_2$ phosphors and their energy transfer mechanism[J]. Journal of Materials Science, 2017, 52: 6310-6321.

[23] Zhang Z W, Li J H, Yang N, et al. A novel multi-center activated single-component white light-emitting phosphor for deep UV chip-based high color-rendering WLEDs. Chemical Engineering Journal, 2020, 390: 124601.

[24] Fan B, Liu J, Zhao W Y, et al. Luminescence properties of Sm^{3+} and Dy^{3+} co-doped BaY_2ZnO_5 phosphor for white LED[J]. Journal of Luminescence, 2020, 219: 116887.

[25] Devakumar B, Guo H, Zeng Y J, et al. A single-phased warm-white-emitting $K_3Y(PO_4)_2$: Dy^{3+}, Sm^{3+} phosphor with tuneable photoluminescence for near-UV-excited white LEDs[J]. Dyes Pigments, 2018, 157: 72-79.

[26] Zhao R L, Guo X, Zhang J, et al. Thermally-stable novel $NaBaBi_2(PO_4)_3$: Sm^{3+}/Dy^{3+} white phosphors with tunable photoluminescence[J]. Ceramics International, 2023, 49 (15): 25795-805.

[27] Ma Y, Zhang B B, Xu Z L, et al. Multicolor tunable luminescence and energy transfer mechanism in $Gd_2O_2S:Dy^{3+}$, Sm^{3+} phosphors[J]. Ceramics International, 2023, 49 (15): 25620-30.

[28] Ling Y, Cui R R, Guo X, et al. Thermally-stable and color-tunable novel single phase phosphor $Ca_2GaTaO_6:Dy^{3+}$, Sm^{3+} for indoor lighting applications[J]. Ceramics International, 2024, 50 (9): 14188-14199.

第 6 章

Ca$_2$GaNbO$_6$:RE^{3+} 的发光性能与应用

6.1 引言

在含氧酸盐体系中，A$_2$BB′O$_6$ 型双钙钛矿型氧化物因其独特的组成灵活性、出色的热稳定性以及丰富的缺陷结构而备受科学界的广泛关注。特别地，Ca$_2$GaNbO$_6$（包括 Ca$_2$GaTaO$_6$）也被归类为 A$_2$BB′O$_6$ 型双钙钛矿结构的一员。根据已发表的研究结果，相较于硼酸盐[1,2]、磷酸盐[3,4]以及硅酸盐[5,6]等其他类型的基质材料，当掺杂有稀土离子时，A$_2$BB′O$_6$ 型双钙钛矿材料在发光材料领域展现出了巨大的应用潜力，包括 Ca$_2$YSbO$_6$、Ca$_2$LaNbO$_6$、Ca$_{2-x}$Sr$_x$LaNbO$_6$、La$_2$CaSnO$_6$ 等[7-10]。这类基质中，[BO$_6$]和[B′O$_6$]两种不同类型的八面体以交替的方式排列，这种结构特征可以实现对局部晶格的精细调整，可以为稀土离子的掺杂创造一个多样化的晶体场环境，使得稀土离子能够在不同的晶格位置中展现出丰富的发光特性[11]。因此，对稀土掺杂 A$_2$BB′O$_6$ 型双钙钛矿氧化物的探索对于开发高性能的稀土发光材料至关重要。

6.2 Ca$_2$GaNbO$_6$:Sm^{3+} 的发光性能与应用

6.2.1 Ca$_2$GaNbO$_6$:Sm^{3+} 的制备及微观结构

（1）Ca$_2$GaNbO$_6$:Sm^{3+} 的制备

我们采用传统的高温固相法，成功合成了一系列具有不同 Sm^{3+} 掺杂量（x=0,

0.005，0.01，0.03，0.05，0.07，0.09，0.11）的 Ca_2GaNbO_6:xSm^{3+} 荧光粉。制备过程中，主要原料包括 $CaCO_3$、Ga_2O_3、Nb_2O_5 和 Sm_2O_3。依据第 4.2.1 节所述的具体步骤，我们在 1450℃的高温下，对混合物进行了 6h 的加热处理，以完成样品的制备。化学反应式如下：

$$(2-x)CaCO_3 + \frac{1}{2}Ga_2O_3 + \frac{1}{2}Nb_2O_5 + \frac{x}{2}Sm_2O_3 \longrightarrow Ca_{2-x}Sm_xGaNbO_6 + CO_2 \uparrow \quad (6\text{-}1)$$

为便于表述，下文将采用化合物的简写形式：CGNO=Ca_2GaNbO_6，CGNO:xSm^{3+}=Ca_2GaNbO_6:xSm^{3+}。

（2）Ca_2GaNbO_6:Sm^{3+} 的物相

图 6-1（a）展示了不同浓度 CGNO:xSm^{3+} 荧光粉的 XRD 衍射图谱，这些图谱证实了所制备荧光粉的相纯度。在 $20°\sim80°$ 的扫描范围内，样品的主衍射峰位置与 JCPDS 数据库中编号为 04-005-8313 的 $CaGa_{0.5}Nb_{0.5}O_3$ 标准卡片相吻合，且未观察到明显的杂峰，这表明我们已成功制备出纯相的荧光粉样品。值得注意的是，由于 CGNO 与 $CaGa_{0.5}Nb_{0.5}O_3$ 实质上是同一种物质的不同表示方式，且分子式系数仅相差两倍，因此我们巧妙地利用已知的 $CaGa_{0.5}Nb_{0.5}O_3$ 晶体学数据（JCPDS 04-005-8313）构建了 CGNO 的晶体结构，以便于后续的分析与研究。该晶体结构清晰地展示在图 6-1（b）的插图中。从晶体结构图中可以看出，CGNO 具有正方晶系结构，空间群为 $Pnma$（62）。在该结构中，Ga^{3+} 和 Nb^{5+}（它们具有相同的坐标）分别与六个 O^{2-} 形成 $[GaO_6]$ 和 $[NbO_6]$ 八面体，并通过共享 O^{2-} 相互连接。而钙离子则位于八面体之间的空隙中，与周围的 8 个 O^{2-} 结合形成 $[CaO_8]$ 多面体。为了探究 Sm^{3+} 在 CGNO 主晶格中的取代位置，我们计算了 Sm^{3+} 与每个可能取代的离子之间的半径差异百分比（D_r）。已知在 CGNO 晶体中，除了 Ca^{2+} 和 Sm^{3+} 的配

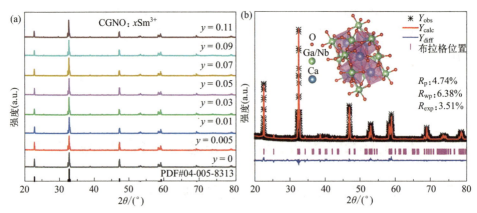

图 6-1 （a）CGNO:xSm^{3+} 的 XRD 衍射图；（b）CGNO:xSm^{3+} 的 XRD 精修图（插图：Ca_2GaNbO_6 的晶体结构）

位数为 8 外，其余离子的配位数均为 6。具体地，Ca^{2+}、Ga^{3+}、Sm^{3+} 和 Nb^{5+} 的离子半径 R 分别为 1.12Å、0.62Å、1.079Å 和 0.64Å。通过应用公式（4-5）进行计算，得出 Sm^{3+} 与 Nb^{5+} 之间的半径百分比差 D_r 为 55.51%，与 Ga^{3+} 之间的 D_r 为 56.91%，而与 Ca^{2+} 之间的 D_r 仅为 3.66%，这一数值远低于 15%。因此，从离子半径匹配性的角度出发，我们可以合理推测，在 CGNO 晶体中，Sm^{3+} 更倾向于取代 Ca^{2+} 的位置。

为了更深入地验证合成物的相纯度，我们采用了 Rietveld 精修方法进行分析。首先，对 CGNO:0.03Sm^{3+} 样品进行了 XRD 慢扫描，随后利用 FullProf 软件对慢扫描数据进行了细致的 Rietveld 精修，结果如图 6-1（b）所示。精修结果显示，实验数据与理论计算结果高度吻合，误差极小，这充分证明了所合成的 CGNO:0.03Sm^{3+} 样品为纯相。相关的精修参数已整理在表 6-1 中。其中，收敛因子 R_{wp}、R_p 和 R_{exp} 的值分别为 6.38%、4.74% 和 3.51%，这些值均在可接受的误差范围内，进一步确认了精修结果的可靠性。根据表 6-1，CGNO:0.03Sm^{3+} 样品的精修晶胞体积为 228.8866Å³，略小于未掺杂的 CGNO 荧光粉的初始晶胞体积（V=229.5926Å³）。综上所述，结合 XRD 衍射图谱和 Rietveld 精修结果，可以得出结论：Sm^{3+} 已成功嵌入 CGNO 晶体结构，并且由于 Sm^{3+} 的掺杂，样品的体积有所减小。这表明 Sm^{3+} 取代了晶格中较大的阳离子（即 Ca^{2+}）。

表 6-1　CGNO 晶体的结构信息以及 CGNO:0.03Sm^{3+} 样品的 Rietveld 精修参数

样品	CGNO	CGNO:0.03Sm^{3+}
空间群	*Pnma*(62)	*Pnma*(62)
晶格参数	a=5.50100Å b=7.70900Å c=5.41400Å $\alpha=\beta=\gamma=90°$	a=5.50004Å b=7.70029Å c=5.40440Å $\alpha=\beta=\gamma=90°$
体积 /Å³	V=229.5926	V=228.8866
可靠性系数 /%	—	R_p: 4.74, R_{wp}: 6.38, R_{exp}:3.51

（3）Ca₂GaNbO₆:Sm^{3+} 的 SEM 和 EDS

图 6-2（a）、（b）分别展示了荧光粉样品在 10μm 和 2μm 尺度下的 SEM 图像，显示出颗粒呈现不规则块状，且尺寸处于微纳米级别。图 6-2（c）～（g）为荧光粉的元素分布图，图中绿色、蓝色、紫色、红色和黄色分别代表 Ca、Ga、Nb、O 和 Sm 元素，这些元素覆盖了测试样品的所有组成，结合之前的 XRD 结果，进一步证实了 Sm^{3+} 在晶体中实现了同构取代。图 6-2（h）呈现了样品的 EDS 测试结果，在 0～14keV 的范围内，成功检测到了 Ca、Nb、Ga、O 和 Sm 元素的 EDS 峰。

表 6-2 列出了各元素的比例，其中在 CGNO:0.03Sm³⁺ 样品中，Ca、Ga、Nb、O 和 Sm 的原子百分比分别为 12.15%、8.75%、10.32%、68.19% 和 0.59%。这一结果再次证明了 Sm³⁺ 成功取代了 CGNO 晶格中的 Ca²⁺ 位置。

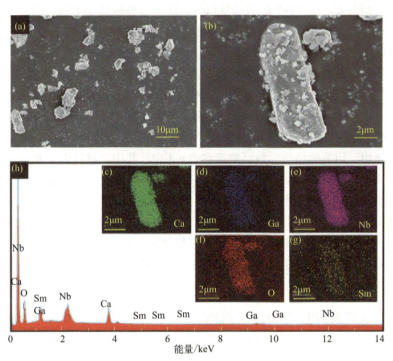

图 6-2　CGNO:0.03Sm³⁺ 的 SEM、元素分布及 EDS 图：（a),（b）不同放大倍数下的 SEM 图；（c）~（g）元素分布图；（h）EDS 图

表 6-2　CGNO:0.03Sm³⁺ 的元素组成比

元素	原子分数	原子比例
O K	68.19%	1.0000
Ca K	12.15%	0.1782
Ga K	8.75%	0.1283
Nb L	10.32%	0.1514
Sm L	0.59%	0.0087

（4）Ca₂GaNbO₆:Sm³⁺ 的 XPS

对样品进行 XPS 测试的主要目的是探究荧光粉中的元素构成、氧化状态以及化学键特性。在测试中，我们以 C 1s 电子能级峰为基准，对其他元素的电荷转

移进行了校正，得到的测试结果如图 6-3 所示。图 6-3（a）展示了通过寻峰过程
识别出的各元素核心结合能对应的峰位。具体而言，位于（19.86eV，24.57eV）、
（206.91eV，209.74eV）、（346.73eV，350.41eV）、（529.55eV，530.36eV，531.48eV，
532.54eV）和（1083.55eV，1109.85eV）的峰，分别对应于 Ga 3d、Nb 3d、Ca 2p、
O 1s 和 Sm 3d 的结合能。在图 6-3（b）中，Ca 2p 的峰被清晰地分离为两个峰，分
别位于 346.73eV 和 350.41eV，这两个结合能之间的差异为 3.68eV。图 6-3（c）
则显示了 Ga 3d 分裂为两个峰，分别位于 19.86eV 和 24.57eV，这证实了基质中
Ga 的氧化态为 +3。对于 Nb 元素，图 6-3（e）中的两个峰分别位于 206.91eV 和
209.74eV，对应于 Nb $^3d_{5/2}$ 和 Nb $^3d_{3/2}$ 的结合能。在图 6-3（f）中，位于 1083.55eV
和 1109.85eV 的两个峰则分别与 Sm $^3d_{5/2}$ 和 Sm $^3d_{3/2}$ 的结合能有关，这两个峰之间
的能量差为 26.3eV，表明 Sm 在晶格中的氧化态为 +3。

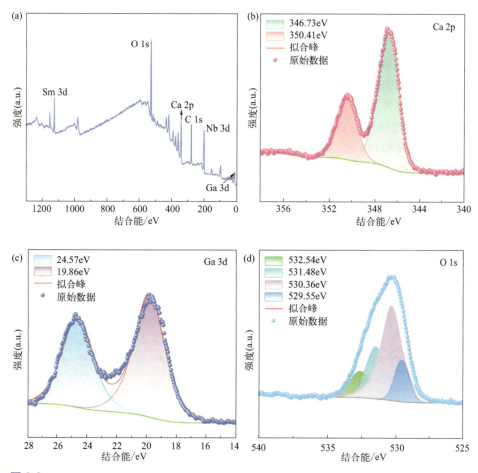

图 6-3

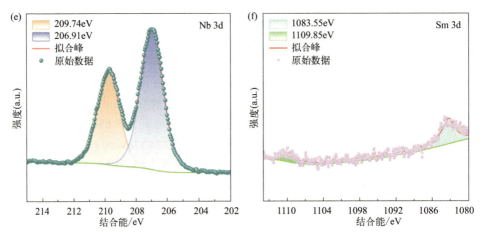

图 6-3 CGNO:0.03Sm³⁺ 的 XPS 测试结果:(a)样品的 XPS 全能谱图;(b)~(f)Ca 2p、Ga 3d、O 1s、Nb 3d 以及 Sm 3d 核心能级的精细光谱图

(5) Ca₂GaNbO₆ 的能带结构和态密度

我们采用密度泛函理论对 CGNO 的能带结构进行了计算。如图 6-4（a）所示,布里渊区中包含一个位于 G 点的 VBM 和一个位于 T 点的 CBM,这证明了 CGNO 是一种间接带隙材料。计算结果显示,CGNO 的带隙宽度约为 3.4990eV。图 6-4（b）展示了 TDOS 和 PDOS。从图中可以看出,VBM 主要由 O 2p 轨道和 Nb 4d 轨道的杂化构成,而 CBM 则主要由 Ca 3d 轨道和 Nb 4d 轨道的杂化构成。这表明带隙的形成与 Ca²⁺ 和 O²⁻ 的存在密切相关,通过掺杂取代 Ca²⁺ 或由于电荷不平衡而补偿 O²⁻ 都可能对带隙产生影响。

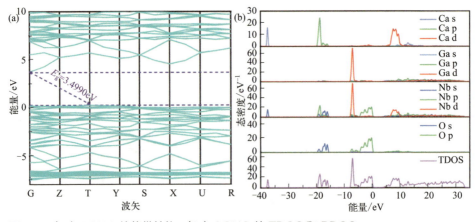

图 6-4 （a）CGNO 的能带结构;（b）CGNO 的 TDOS 和 PDOS

6.2.2　Ca$_2$GaNbO$_6$:Sm^{3+} 的发光性能

（1）Ca$_2$GaNbO$_6$:Sm^{3+} 的光致发光特性

在图 6-5（a）中展示了 CGNO:0.03Sm^{3+} 荧光粉的光致发光激发和光致发光发射光谱。图 6-5（a）左侧展示的是在 599nm 监测波长下记录的 PLE 光谱，波长范围覆盖 320 ～ 500nm。该光谱中呈现出六个显著的峰值，分别对应于 347nm（$^6H_{5/2} \rightarrow ^4D_{7/2}$）、363nm（$^6H_{5/2} \rightarrow ^4D_{3/2}$）、378nm（$^6H_{5/2} \rightarrow ^6P_{7/2}$）、406nm（$^6H_{5/2} \rightarrow ^6P_{3/2}$）、438nm（$^6H_{5/2} \rightarrow ^4G_{9/2}$）和 467nm（$^6H_{5/2} \rightarrow ^4I_{11/2}$）的跃迁。其中，406nm 处的激发强度最高，与商用白色发光二极管的输出波长相匹配，这预示着 405nm 的紫外 InGaN 芯片能有效激发该荧光粉。因此，CGNO:xSm^{3+} 荧光粉在 WLED 领域具有

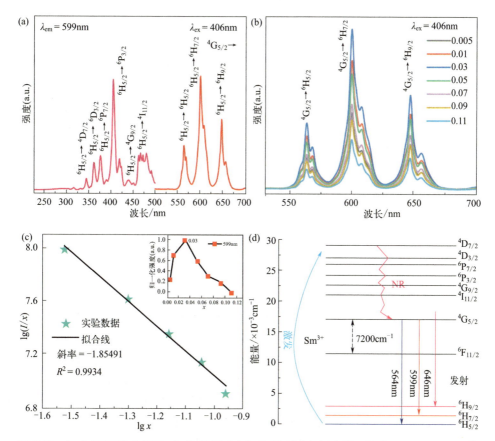

图 6-5　（a）CGNO:0.03Sm^{3+} 的激发（左）和发射（右）光谱；（b）CGNO:xSm^{3+} 的发射光谱；（c）lg(I/x) 和 lg$x$ 之间的关系拟合图（插图：发射强度随 x 的归一化变化曲线）；（d）CGNO 中 Sm^{3+} 的能级跃迁图

潜在的应用价值。图 6-5（a）右侧则展示了在 406nm 监测波长下的 PL 发射光谱，光谱中在 564nm、599nm 和 646nm 处出现了明显的峰值，这些峰值分别与 Sm^{3+} 的 $^4G_{5/2} \rightarrow {}^6H_{5/2}$、$^6H_{7/2}$ 和 $^6H_{9/2}$ 跃迁相对应。其中，564nm 处的 $^4G_{5/2} \rightarrow {}^6H_{5/2}$ 跃迁属于磁偶极跃迁，而 646nm 处的 $^4G_{5/2} \rightarrow {}^6H_{9/2}$ 跃迁则属于电偶极跃迁。Sm^{3+} 强烈的橙红色发射主要源于 599nm 处的 $^4G_{5/2} \rightarrow {}^6H_{7/2}$ 跃迁，这是电偶极跃迁与磁偶极跃迁共同作用的结果。

图 6-5（b）展示了 CGNO:xSm^{3+} 的光致发光发射光谱。从图中可以清晰观察到，随着 Sm^{3+} 掺杂浓度的逐步提升，发光峰的位置保持稳定，未出现波长偏移，仅发光强度有所变化。为了确定 CGNO:xSm^{3+} 荧光粉的浓度猝灭效应，我们将各浓度在 599nm 处的发光强度进行了归一化处理，并据此绘制了发光强度随浓度变化的曲线，具体如图 6-5（c）中的插图所示。结果显示，随着掺杂浓度的增加，CGNO 晶格中占据阳离子格位的 Sm^{3+} 发光强度逐渐增强。当 Sm^{3+} 的浓度达到 x=0.03 时，发光强度达到峰值。此后，随着浓度的继续增加，Sm^{3+} 间的距离缩短，相互作用增强，导致浓度猝灭效应加剧，发光强度逐渐减弱。针对 CGNO:xSm^{3+} 样品，具体参数包括 V=229.5926Å^3，x_c=0.03，以及 Z=2。实验结果显示，在 CGNO:xSm^{3+} 荧光粉中，R_c 值显著大于 5Å，这一结果暗示猝灭效应主要源自多极相互作用。利用关系式（3-9），我们绘制了 CGNO:xSm^{3+} 荧光发射强度的对数拟合图，具体见图 6-5（c）。经过曲线拟合分析，得到的斜率为 -1.85491，Q 值为 5.56473，这一数值非常接近 6。基于这一结果，我们可以推断，CGNO:xSm^{3+} 中的浓度猝灭现象主要是由偶极 - 偶极相互作用引起的。关于能级跃迁的过程，如图 6-5（d）所示，Sm^{3+} 最初处于基态 $^6H_{5/2}$，当吸收能量后，会跃迁到激发态 $^4D_{7/2}$ 和 $^4D_{3/2}$。随后，这些激发态的粒子会经过一系列的非辐射弛豫过程，最终到达激发态 $^4G_{5/2}$。当 $^4G_{5/2}$ 激发态的粒子通过辐射跃迁转移到低能态 ^6H_J（J=5/2、7/2、9/2）时，会释放出橙红色的光。

(2) Ca$_2$GaNbO$_6$:Sm^{3+} 的热稳定性

为了探讨 CGNO:xSm^{3+} 荧光粉的应用潜力，本研究在 406nm 激发光源下，测量了 CGNO:0.03Sm^{3+} 样品在不同温度下的发光强度。图 6-6（a）呈现了热稳定性的等值线分布图，而图 6-6（b）则记录了以 25K 为步长的发光强度数据。特别地，当温度升至 423K 时，该样品的发光强度仍能保持为 298K 时强度的 82.80%。表 6-3 是与其他掺杂 Sm^{3+} 的荧光粉的热稳定性比较，表明所制备的 CGNO:xSm^{3+} 荧光粉具备出色的热稳定性。根据公式（3-12），我们绘制出了 CGNO:0.03Sm^{3+} 的 $\ln(I_0/I_T-1)$ 与 $1/(k_BT)$ 的关系曲线，如图 6-6（c）所示。该曲线呈现出明显的线性关系，通过线性拟合得出其斜率为 -0.1163。据此，我们计算出 CGNO:0.03Sm^{3+} 荧光粉的活化能（ΔE）为 0.1163eV。图 6-6（d）详细描述了 CGNO:0.03Sm^{3+} 的热猝灭机制。在 406nm 光激发下，电子从基态 $^6H_{5/2}$ 跃迁到激发态 $^6P_{3/2}$，随后通过路径 a

返回到 $^4G_{5/2}$ 能级，并在此过程中发生非辐射跃迁能量转移。随着温度的升高，$^4G_{5/2}$ 能级中的部分电子能够克服活化能障碍，到达 $^4G_{5/2}$ 与电荷转移带的交点，即路径 b 所示。接着，这些电子通过路径 c 返回到基态 $^6H_{5/2}$。

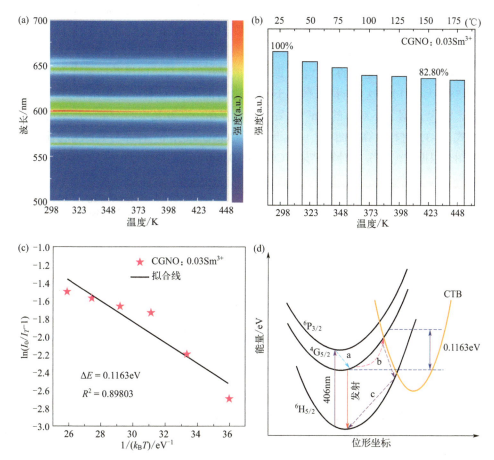

图6-6 （a）不同温度下发射光谱的等高线图；（b）不同温度下发射强度的归一化；（c）$\ln(I_0/I_T-1)$ 和 $1/(k_BT)$ 之间的关系图和拟合线；（d）CGNO:0.03Sm^{3+} 荧光粉的热猝灭过程

表6-3 与其他掺杂 Sm^{3+} 的荧光粉的热稳定性比较

样品	λ_{ex}/nm	强度	参考文献
Ca$_2$GdNbO$_6$:Sm^{3+}	407	70.10%（423K）	[12]
Ba$_3$Lu$_4$O$_9$:Sm^{3+}	410	81.40%（425K）	[13]
CaLa$_4$Ti$_4$O$_{15}$:Sm^{3+}	408	81.70%（423K）	[14]
Ba$_9$Y$_2$Si$_6$O$_{24}$:Sm^{3+}	404	62.70%（423K）	[15]
CGNO:Sm^{3+}	406	82.80%（423K）	本工作

(3) Ca₂GaNbO₆:Sm³⁺ 的荧光寿命和量子产率

CGNO:0.03Sm³⁺ 的衰变曲线符合单指数函数［公式（3-2）］。在 406nm 激发波长和 599nm 发射波长的监测条件下，拟合结果如图 6-7（a）所示。CGNO:0.03Sm³⁺ 荧光粉的寿命 τ 为 0.908ms。一般而言，发光中心的数量、能量传递、基质晶格中的缺陷和杂质等因素都会影响材料的衰变动力学行为。在本研究中，CGNO:0.03Sm³⁺ 荧光粉的衰减曲线呈现出单指数行为。根据 J-O 理论，CGNO:0.03Sm³⁺ 荧光粉的 R/O 值（即电偶极跃迁强度与磁偶极跃迁强度之比）为 1.458（大于 1），这表明 Sm³⁺ 处于不对称的晶格环境中。这些结果进一步说明，Sm³⁺ 占据了不对称的 Ca²⁺ 位置，即只存在一个发光中心。量子产率可以通过式（3-3）进行计算。图 6-7（b）展示了 CGNO:0.03Sm³⁺ 样品与 BaSO₄ 参比的光谱图。根据式（3-3）的计算结果，CGNO:0.03Sm³⁺ 荧光粉的 QY 约为 34.4%。

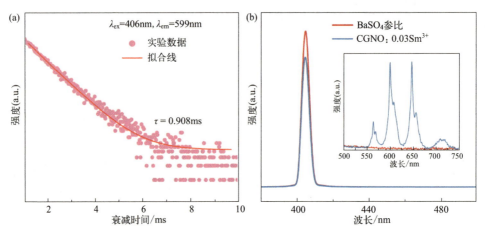

图 6-7 （a）CGNO:0.03Sm³⁺ 的荧光寿命衰减曲线；（b）CGNO:0.03Sm³⁺ 的量子产率（BaSO₄ 作为参比）（插图：500 ~ 750nm 处的放大图）

(4) Ca₂GaNbO₆:Sm³⁺ 的 CIE、CCT 和 CP

图 6-8（a）展示了 CGNO:xSm³⁺ 荧光粉的色度坐标。结果显示，所制备的荧光粉色调偏向橙红色区域。此外，图 6-8（a）的插图还揭示，在 365nm 紫外线灯照射下，该荧光粉能发出橙红色光，这进一步证实了其在弥补商用 WLED 红色成分缺失方面的潜力。同时，CP 和 CCT 值可通过经验式（3-4）和式（3-6）来计算。表 6-4 列出了本文所制备样品的色度坐标、计算得到的 CCT 值以及色纯度。需注意的是，CP 值的误差估计在 ±0.2% 以内。实验证明，CCT 值介于 1664 ~ 1707K 之间，色纯度在 x=0.03 时达到了 99.0%。

为评估温度对色度的影响，我们采用了色移（ΔS）作为评价指标。色移的计算公式如式（5-13）所示。已知 CGNO:0.03Sm³⁺ 荧光粉在 25℃时 u'=0.3134，

v'=0.5513；在 150℃时 u'=0.3058，v'=0.5524。根据公式，可计算出 150℃时的色度偏移为 0.01。色度偏移趋势如图 6-8（b）所示。结果表明，随着温度的升高，色度坐标会向橙色区域偏移。但即便在高温环境下，CGNO:xSm^{3+} 样品仍能保持颜色的一致性。

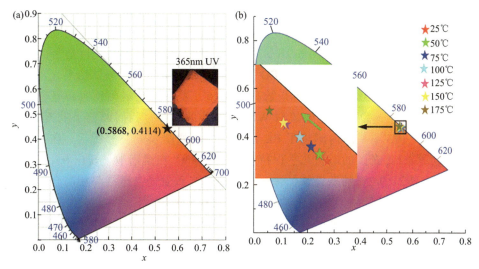

图 6-8 （a）CGNO:xSm^{3+} 荧光粉的 CIE 色度坐标图（插图：其在 365nm 紫外线照射下的荧光粉照片）；（b）CGNO:xSm^{3+} 荧光粉在不同温度条件下的 CIE 色度坐标变化

综上所述，CGNO:xSm^{3+} 荧光粉发出的光为橙红色，色温范围在 1664 ～ 1707K 之间，色纯度高达 99.0%。且其在高温下仍能保持良好的色彩品质，这表明 CGNO:xSm^{3+} 荧光粉适用于紫外光激发型 WLED，并可作为其中的红色成分发挥关键作用。

表 6-4　CGNO:xSm^{3+} 荧光粉的 CIE、CCT 和 CP 值

x	CIE 色度坐标	CCT/K	CP/%
0.005	(0.5822，0.4150)	1689	97.7
0.01	(0.5845，0.4132)	1676	98.4
0.03	(0.5868，0.4114)	1664	99.0
0.05	(0.5852，0.4125)	1671	98.5
0.07	(0.5840，0.4134)	1678	98.2
0.09	(0.5816，0.4154)	1692	97.6
0.11	(0.5793，0.4172)	1707	96.9

6.2.3 Ca$_2$GaNbO$_6$:Sm^{3+} 的应用

（1）Ca$_2$GaNbO$_6$:Sm^{3+} 在 WLED 中的应用

为了验证 CGNO:Sm^{3+} 荧光粉在白色发光二极管中的应用潜力，我们将特定比例的商用绿色荧光粉（BaSiO$_4$:Eu^{2+}）和商用蓝色荧光粉 BAM（BaMgAl$_{10}$O$_{17}$:Eu^{2+}）以及 CGNO:Sm^{3+} 的荧光粉混合，并封装到 405nm 激发的近紫外 LED 芯片中。图 6-9（a）展示了所制备 WLED 的 EL 光谱，其插图显示在 0.7A 电流驱动下，WLED 发出了明亮的暖白光。测试结果显示，该 WLED 的色温为 3877K，显色指数高达 94.5，表明其在相关色温和显色指数方面表现出色。为了探究电流对 WLED 性能的影响，我们调整了电流大小，并在 0.2 ～ 0.7A 范围内测量了 EL 光谱，结果如图 6-9（b）所示。在不同电流驱动下，EL 光谱的形状几乎保持一致，且 Sm^{3+} 在光谱中呈现出 $^4G_{5/2} \rightarrow {}^6H_J$（$J$=5/2、7/2、9/2）的跃迁特征，这与之前的光致发光光谱结果相吻合。接下来，我们讨论了显色指数和色温的变化。表 6-5 列出了不同驱动电流下的 CCT 和 Ra 值，结果显示色温在 3877 ～ 4136K 范围内波动较小，表现出较高的稳定性。同时，显色指数 Ra 始终保持在 94 以上，其波动情况如图 6-9（b）的插图所示。此外，无论驱动电流如何变化，R9 系数均保持在 50 以上。这些特性均表明，CGNO:Sm^{3+} 在 WLED 中具有优异的光学性能，是 WLED 应用的潜在优质材料。

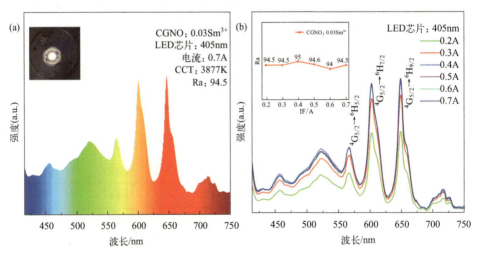

图 6-9 （a）制作的 WLED 的电致发光光谱（插图：WLED 器件照片）；（b）在不同电流驱动下，WLED 的电致发光光谱（插图：Ra 值随电流变化的情况）

表 6-5 不同电流驱动 CGNO:0.03Sm^{3+} 的显色指数和色温

IF/A	Ra	CCT/K	R9
0.2	94.5	3932	50.4
0.3	94.5	3986	51.6
0.4	95.0	4136	51.1
0.5	94.6	4032	51.8
0.6	94.0	3936	53.8
0.7	94.5	3877	53.7

(2) Ca$_2$GaNbO$_6$:Sm^{3+} 在防伪油墨中的应用

选用 1.4g 聚乙烯醇（PVA）作为基料，并配比加入了适量的 CGNO:0.03Sm^{3+}，在 80℃条件下持续搅拌，直至 CGNO:0.03Sm^{3+} 荧光粉完全融入 PVA 中，随后通过超声波处理，成功制得了一种安全的防伪油墨。图 6-10（a）、（a′）展示了该油墨的变色特性：在普通光照下，油墨呈现乳白色；而在紫外光照射下，则转变为橙红色。这一现象验证了 CGNO:0.03Sm^{3+} 荧光粉在 PVA 溶液中的有效且均匀分散。为验证油墨的实用性，我们将其涂覆于黑色纸张、塑料及金属合金表面，如图 6-10（b′）～（d′）所示，这些材料在紫外光下均呈现出平时难以察觉的橙红色，证明了 CGNO:0.03Sm^{3+} 荧光粉在防伪油墨领域的广泛应用潜力。

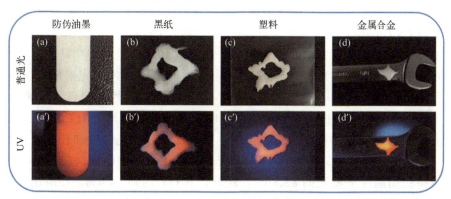

图 6-10 由 CGNO:0.03Sm^{3+} 荧光粉制成的防伪油墨在黑纸、塑料和金属合金上的应用

为了深入探究 CGNO:0.03Sm^{3+} 荧光粉在 PVA 介质中的溶解与稳定性能，我们对制备的防伪油墨进行了长达 5h 的连续观察，在此期间每小时使用 365nm 紫外光照射并记录其透光率变化。实验结果如图 6-11 所示，结果显示，即便经过 5h 的时间考验，防伪油墨的荧光图像依然鲜明，透光率波动极小。这表明 CGNO:0.03Sm^{3+}

荧光粉在 PVA 介质中展现出了卓越的溶解性，且所制备的防伪油墨溶液在一段时间内能维持高度的稳定性，适用于防伪标记的长期应用。

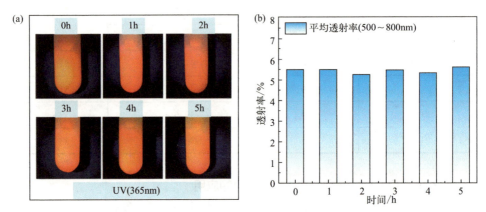

图 6-11　（a）不同时间段 CGNO:0.03Sm³⁺ 安全油墨的紫外线（365nm）照射模式；（b）平均透射率

6.2.4　小结

本小节开发一种基于双钙钛矿结构氧化物的新型橙红色荧光粉，通过掺杂 Sm^{3+} 来弥补商用白光 LED 中红色成分的缺失。这一目标是通过传统高温固相法合成 CGNO:xSm³⁺ 荧光粉来实现的。采用 XRD、SEM、EDS 和 XPS 等手段对荧光粉的结构、组成及形态特征进行了详细表征，结果表明，合成材料与 Ca_2GaNbO_6 结构相符，且 Sm^{3+} 成功掺入 CGNO 的主晶格中。在光学性能方面，监测波长为 406nm 时的 PL 光谱在 599nm 处展现出最强发射峰，呈现出鲜明的橙红色光。不同浓度下的 PL 发射光谱和 PLE 光谱形状保持一致，未出现波长漂移，且在浓度为 3%（摩尔分数）时性能最佳，猝灭机制主要归因于偶极-偶极相互作用。在色度学方面，不同浓度的 CGNO:xSm³⁺ 荧光体的色度坐标均位于橙红色区域，展现出优异的色纯度和较低的色温。在热稳定性方面，CGNO:0.03Sm³⁺ 荧光粉表现出良好的性能，在 423K 时仍能维持初始温度下发光的 82.80%。此外，其 QY 达到 34.4%。在应用层面，采用 CGNO:0.03Sm³⁺ 荧光粉制作的 WLED 在显色指数（CRI=94.5）和相关色温（CCT=3877K）方面表现优异，能发出温暖的白色光。同时，该荧光粉在 PVA 中具有良好的溶解性，为防伪油墨的制备提供了可能。综上所述，CGNO:Sm³⁺ 荧光粉在 WLED 和防伪油墨领域展现出卓越的性能和巨大的应用潜力。

6.3 Ca$_2$GaNbO$_6$:Dy^{3+}/Sm^{3+} 的发光性能与应用

6.3.1 Ca$_2$GaNbO$_6$:Dy^{3+}/Sm^{3+} 的制备及微观结构

（1）Ca$_2$GaNbO$_6$:Dy^{3+}/Sm^{3+} 的制备

制备了 CGNO:xDy^{3+}（x=0、0.01、0.02、0.04、0.06、0.08、0.10、0.12）和 CGNO:0.04Dy^{3+},ySm^{3+}（y=0、0.005、0.01、0.03、0.05、0.07、0.09）系列荧光粉。制备所需的初始原料包括高纯度的 CaCO$_3$（99.99%）、Ga$_2$O$_3$（99.999%）、Nb$_2$O$_5$（99.99%）、Dy$_2$O$_3$（99.99%）和 Sm$_2$O$_3$（99.99%）。煅烧温度为 1450℃，持续 6h。待其自然冷却至适宜温度后，再次将煅烧后的物质研磨成粉末状，并密封于塑料药品袋中，以便后续进行性能测试与表征。

（2）Ca$_2$GaNbO$_6$:Dy^{3+}/Sm^{3+} 的物相

通过 XRD 表征了所合成荧光粉的晶体结构。图 6-12 中给出了 CGNO、CGNO:0.04Dy^{3+}、CGNO:0.05Sm^{3+} 以及 CGNO:0.04Dy^{3+},0.05Sm^{3+} 的 XRD 衍射图谱。结果表明，掺杂了 Dy^{3+} 和 Sm^{3+} 的 CGNO 基质的主要衍射峰与 JCPDS 卡片（PDF#04-005-8313）上的数据相吻合。当单独将激活剂离子 Dy^{3+} 或 Sm^{3+} 添加到 Ca^{2+} 位点时，XRD 衍射图谱中并未显示出任何杂质峰。而当同时将激活剂离子 Dy^{3+} 和 Sm^{3+} 共掺入 Ca^{2+} 位点时，在衍射角为 30°和 50°的 XRD 衍射图谱中出现了微弱的杂质峰，这些峰的位置与 Ln$_2$GaNbO$_7$（Ln=Sm、Dy）的结构相对应[21]。这可能是因为随着浓度的增加，三价稀土离子取代了晶格中的二价阳离子，导致局部电荷不平衡，进而产生额外的氧离子补偿。

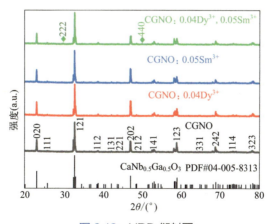

图 6-12 XRD 衍射图

CNGO 属于 *P nma*（62）空间群，具有正交晶系结构。该结构的基本组成是由氧离子连接的八面体 [GaO$_6$] 和 [NbO$_6$] 单元，以及附着在八个氧原子上的 Ca^{2+} 成分。为了深入且准确地评估样品的晶体结构，我们分别使用 GSAS 软件对 CGNO、CGNO:0.04Dy^{3+} 以及 CGNO:0.04Dy^{3+}, 0.05Sm^{3+} 粉末的慢扫 XRD 衍射图谱进行了精修。精修后的 XRD 衍射图谱直观展示在图 6-13（b）～（d）中，详细结果则列于表 6-6。这三个样品的 R_{wp} 和 R_p 收敛因子均低于 10%，表明精修数据具有良好的可靠性。体积的减小表明，具有较小离子半径的稀土离子（Dy^{3+}、Sm^{3+}）正在取代基质中具有较大离子半径的阳离子（Ca^{2+}）。上述分析表明，Dy^{3+} 和 Sm^{3+} 已成功掺入 CGNO 基质中。为了评估掺杂后晶体结构的稳定性，计算的离子半径差异百分比 D_r 如表 6-7 所示，尽管钙离子与稀土离子之间存在电荷差异，但 Dy^{3+}/Sm^{3+} 替代 Ca^{2+} 的 D_r 值较小，且相较于替代 Nb^{5+} 或 Ga^{3+} 时小于 15%，这表明这种替代是合理的。

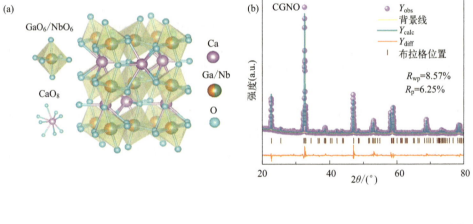

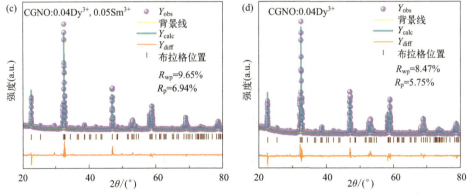

图 6-13 （a）晶体结构图；（b）～（d）Rietveld 精修图

表6-6 精修结果

样品	CGNO	CGNO:0.04Dy³⁺	CGNO:0.04Dy³⁺, 0.05Sm³⁺
空间群	Pnma (62)	Pnma (62)	Pnma (62)
$a/\text{Å}$	5.52221	5.42849	5.42441
$b/\text{Å}$	7.72365	7.72282	7.71466
$c/\text{Å}$	5.42996	5.51757	5.51120
$\alpha=\beta=\gamma$	90°	90°	90°
Z	2	2	2
$V/\text{Å}^3$	231.596	230.889	230.318
$R_p/\%$	6.25	5.75	6.94
$R_{wp}/\%$	8.57	8.47	9.65

表6-7 计算的离子半径差异百分比 D_r

掺杂离子			取代离子			D_r
离子类别	配位数	离子半径 /Å	离子类别	配位数	离子半径 /Å	计算大小 /%
Dy³⁺	6	0.912	Nb⁵⁺	6	0.64	42.50
Dy³⁺	6	0.912	Ga³⁺	6	0.62	47.10
Dy³⁺	8	1.027	Ca²⁺	8	1.12	8.30
Sm³⁺	6	0.958	Nb⁵⁺	6	0.64	49.69
Sm³⁺	6	0.958	Ga³⁺	6	0.62	54.52
Sm³⁺	8	1.079	Ca²⁺	8	1.12	3.66

CGNO、CGNO:0.04Dy³⁺ 以及 CGNO:0.04Dy³⁺, 0.05Sm³⁺ 的 SEM 图像，如图 6-14（a）～（c）所示。图像分析表明，样品由大小从几微米不等、最大粒径可达约 5μm 的聚集不规则颗粒组成。图 6-14（d）～（j）显示了 CGNO:0.04Dy³⁺, 0.05Sm³⁺ 样品中的元素组成及分布情况，从物理上证实了 Ca、Ga、Nb、O、Dy 和 Sm 元素确实存在于所合成的荧光粉中。图 6-14（k）则展示了从 CGNO:0.04Dy³⁺, 0.05Sm³⁺ 荧光粉中获得的 EDS 光谱数据。

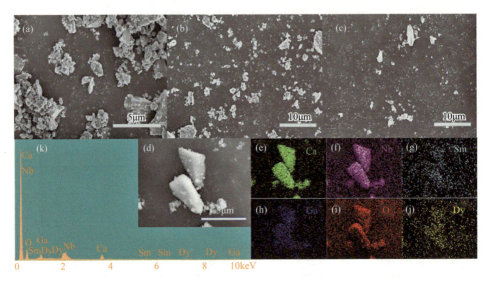

图6-14　SEM、元素分布图及 EDS 图：（a）～（c）CGNO、CGNO:0.04Dy^{3+} 及 CGNO:0.04Dy^{3+}, 0.05Sm^{3+} 的 SEM 图；（d）～（j）CGNO:0.04Dy^{3+}, 0.05Sm^{3+} 的元素分布图；（k）CGNO:0.04Dy^{3+}, 0.05Sm^{3+} 的 EDS 图

6.3.2　Ca$_2$GaNbO$_6$:Dy^{3+}/Sm^{3+} 的吸收光谱

图 6-15（a）呈现了 CGNO:xDy^{3+} 的吸收光谱，其中在 351nm、365nm、388nm、427nm、453nm 和 475nm 附近存在较为明显的 Dy^{3+} 吸收峰。图 6-15（b）则展示了 CGNO:0.04Dy^{3+}, ySm^{3+} 的吸收光谱，在 346nm、364nm、378nm、390nm、599nm、420nm 和 408nm 波长附近存在较为明显的 Sm^{3+} 吸收峰。这些吸收峰的位置与图 6-15（b）光谱中的峰位置相吻合，且随着掺杂离子浓度的增加，吸光度逐渐增大。为了更详细地探究带隙的变化规律，我们绘制了关于 CGNO:xDy^{3+} 和 CGNO:0.04Dy^{3+}, ySm^{3+} 的 hv 与 $(\alpha hv)^{1/2}$ 曲线及其拟合直线，分别如图 6-15（c）和图 6-15（d）所示，并通过 Tauc 关系式计算出它们的带隙值。对于 CGNO:xDy^{3+}（x=0, 0.01, 0.02, 0.04, 0.06, 0.08, 0.10, 0.12），其带隙值依次为 3.3326eV、3.3698eV、3.4525eV、3.4535eV、3.4647eV、3.4687eV、3.4522eV 和 3.4486eV。对于 CGNO:0.04Dy^{3+}, ySm^{3+}（y=0, 0.005, 0.01, 0.03, 0.05, 0.07, 0.09），其带隙值分别为 3.4544eV、3.4846eV、3.5089eV、3.5200eV、3.5206eV、3.5313eV 和 3.5119eV。带隙值均呈现先增大后减小的趋势。带隙值的增加可能归因于主要导带中分离出的中间带产生的反掺杂效应，该中间带被认为由低能量的 O 2p 和高能量的 Nb 4d 轨道组成[22,23]。然后，随着掺杂离子浓度的增加，Dy^{3+} 和 Sm^{3+} 开始替代更多的 Ca^{2+}，并伴随着尖峰的出现，引入了新的杂质能级，导致带隙减小。

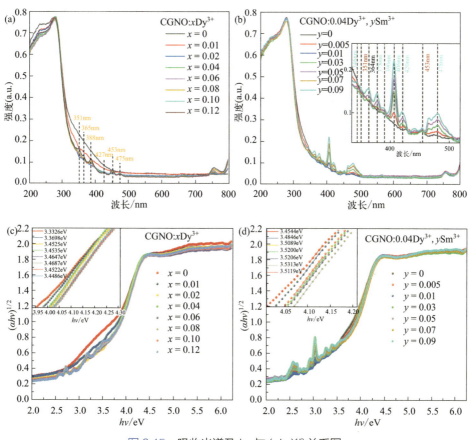

图 6-15　吸收光谱及 hv 与 $(\alpha hv)^{1/2}$ 关系图

6.3.3　Ca₂GaNbO₆:Dy³⁺/Sm³⁺ 的发光性能

（1）Ca₂GaNbO₆:xDy³⁺ 的光致发光特性

测量得到的 CGNO:0.04Dy³⁺ 激发光谱显示出七个明显的峰值，分别位于 326nm、351nm、366nm、388nm、426nm、450nm 和 473nm 处，这些峰值分别对应于 Dy³⁺ 从 $^6H_{15/2}$ 能级向 $^6P_{3/2}$、$^6P_{7/2}$、$^6P_{5/2}$、$^4I_{13/2}$、$^4G_{11/2}$、$^4I_{15/2}$ 和 $^4F_{9/2}$ 能级的跃迁。当在 351nm 处进行光激发时，激发光谱显示出两个主要发射带，分别靠近 481nm 和 575nm，以及一个靠近 668nm 的弱发射带。其中，481nm 和 575nm 处的发射分别对应于 $^4F_{9/2} \rightarrow {}^6H_{15/2}$（蓝色发射）的磁偶极跃迁和 $^4F_{9/2} \rightarrow {}^6H_{13/2}$（黄色发射）的电偶极跃迁。黄色与蓝色的比值被称为不对称比，用于评估 Dy³⁺ 所处位置的对称性。在图 6-16（b）中，该比值明显大于 1，表明 Dy³⁺ 占据了一个非中心对称的位置，取代了 Ca²⁺。这可以归因于掺杂离子与主体晶格中的阳离子之间的离子半径差异和电荷差异可能导致低对称性。随着 Dy³⁺ 混合物浓度的增加，荧光粉的光强度先增加，当x=0.04时，光强度达到最高点，然后由于浓度的突然猝灭效应而降低。根据精修结果可知，Dy^{3+}逐渐取代基质中的Ca^{2+}，导致体积减小，Dy^{3+}之间的距离减小，这可能增强了非辐射效应。在这个CGNO:$0.04Dy^{3+}$样品中，$V=230.889Å^3$，$x_c=0.04$，$N=2$。计算结果表明，CGNO晶格中Dy^{3+}的临界距离约为$17.67Å$，远大于$5Å$。这表明多极-多极相互作用导致了浓度猝灭。如图6-16（c）所示，对于CGNO:xDy^{3+}，$lg(I/x)$与lgx呈线性关系，通过拟合得到一条斜率为$-Q/3$的直线。斜率（$-Q/3$）计算得约为-1.75，从而得出Q的值为5.25。这个值更接近6，表明在CGNO:xDy^{3+}中，Dy^{3+}的主要能量转移机制是偶极-偶极相互作用。

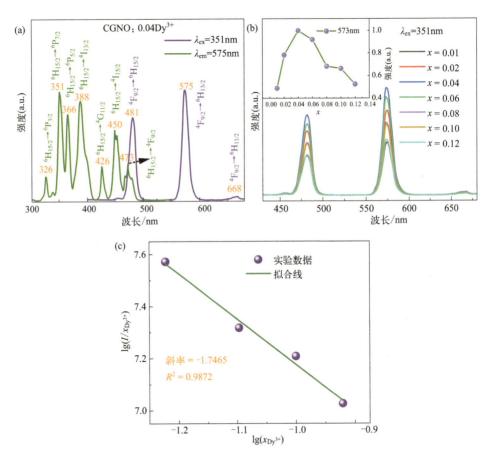

图6-16 （a）CGNO:$0.04Dy^{3+}$的激发（左）和发射（右）光谱；（b）CGNO:xSm^{3+}的发射光谱（插图：发射强度随x的归一化变化曲线）；（c）$lg(I/x)$和lgx之间的关系拟合图

（2）Ca₂GaNbO₆:$0.04Dy^{3+}$/ySm^{3+}的光致发光特性

在图6-17（a）中，对于CGNO:$0.04Dy^{3+}$,$0.05Sm^{3+}$荧光粉，可以清晰地观察到Dy^{3+}的特征发射峰（位于481nm和575nm）以及Sm^{3+}的特征发射峰（位于

599nm 和 646nm）。在选择 CGNO:0.04Dy³⁺, 0.05Sm³⁺ 荧光粉的激发波长时，我们选择了 363nm，这个波长位于 Dy³⁺ 和 Sm³⁺ 的共同激发带内，如图 6-17（b）中的激发光谱所示。

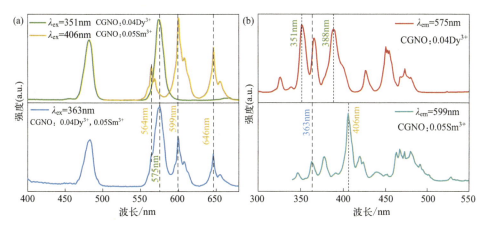

图 6-17 （a）CGNO:Dy³⁺/Sm³⁺ 的发射光谱；（b）CGNO:0.04Dy³⁺ 和 CGNO:0.05Sm³⁺ 的激发光谱

图 6-18（a）展示了在 CGNO:0.04Dy³⁺, 0.05Sm³⁺ 中，随着 Sm³⁺ 掺杂浓度的增加，由于能量转移效应，Dy³⁺ 的主要发光峰强度逐渐减弱；而 Sm³⁺ 的发光峰强度则先持续增强，在达到 $y=0.05$ 时因浓度猝灭效应开始减弱。图 6-18（b）则对比了在 363nm 激发下 CGNO:0.04Dy³⁺, ySm³⁺ 在 599nm 和 575nm 处的归一化发光强度，以及在 406nm 激发下 CGNO:ySm³⁺ 在 599nm 处的归一化发光强度。

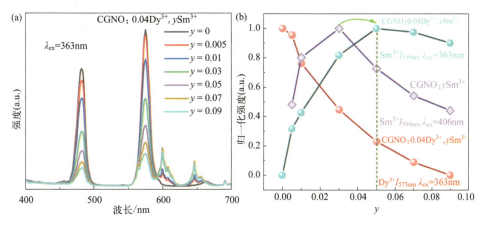

图 6-18 （a）CGNO:0.04Dy³⁺, ySm³⁺ 的发射光谱；（b）归一化发射强度随 y 值的变化曲线

在仅掺杂 Sm³⁺ 的 CGNO 荧光粉中，当 $y=0.03$ 时，Sm³⁺ 发光中心的发光强度

最大；而在同时掺杂 Dy^{3+} 和 Sm^{3+} 的 CGNO 荧光粉中，当 $y=0.05$ 时，Sm^{3+} 发光中心的发光强度达到最大。最高发光强度随着掺杂浓度的变化而转移，这表明在共掺杂荧光粉中发生了从 Dy^{3+} 到 Sm^{3+} 的能量转移。此外，Dy^{3+} 和 Sm^{3+} 的发光强度均随着掺杂浓度的变化而变化，从而改变了白光中黄蓝光与红光的比例，这表明可以通过调整共掺杂荧光粉中 Dy^{3+} 和 Sm^{3+} 的掺杂浓度比例来实现可定制的白光发光。

（3）Ca_2GaNbO_6:Dy^{3+}/Sm^{3+} 的能量传递机理

图 6-19（a）显示，在 CGNO:$0.04Dy^{3+}$,ySm^{3+} 中，随着 Sm^{3+} 浓度 y 从 0.005 逐渐增加到 0.09，Dy^{3+} 向 Sm^{3+} 的能量转移效率 η_T 也从 3.6% 逐渐增加到 77.6%。这表明在 CGNO 基质中，Dy^{3+} 和 Sm^{3+} 之间发生了有效的能量转移。能量转移效率 η_T 通过特定公式计算得出。图 6-19（b）展示了当 n 分别为 6（对应偶极 - 偶极相互作用）、8（对应偶极 - 四极相互作用）和 10（对应四极 - 四极相互作用）时，I_0/I 与 $C^{n/3}$ 的关系。当 $n=6$ 时，R^2 值最接近 1，拟合效果最好，表明 CGNO:$0.04Dy^{3+}$,ySm^{3+} 中的能量转移主要通过离子间的偶极 - 偶极相互作用发生。

图 6-19（c）展示了在 363nm 激发下，CGNO:$0.04Dy^{3+}$,ySm^{3+}（$y=0$,0.005，0.01，0.03，0.05，0.07，0.09）在 575nm 处的荧光强度散点图及其拟合曲线。使用了适当的双指数拟合方程［式（5-4）］进行拟合。通过计算得出，CGNO:$0.04Dy^{3+}$,ySm^{3+}（$y=0$，0.01，0.05，0.07）的平均荧光寿命 τ_a 分别为 0.1814ms、0.1626ms、0.0962ms 和 0.0529ms。这表明 Dy^{3+} 在激发态的平均统计时间逐渐减少。这进一步证明了从 Dy^{3+} 到 Sm^{3+} 发生了能量转移。

图 6-19（d）根据标准能级数据和测得的发射与激发光谱，展示了 Dy^{3+} 和 Sm^{3+} 的能级图。在 351nm、365nm、388nm、426nm 和 450nm 的激发波长下，Dy^{3+} 分别被激发到 $^6P_{7/2}$、$^6P_{5/2}$、$^4I_{13/2}$、$^4G_{11/2}$ 和 $^4I_{15/2}$ 能级；在 363nm、378nm、406nm、439nm、467nm 和 480nm 的激发波长分别对应于 Sm^{3+} 被激发到 $^4D_{3/2}$、$^6D_{1/2}$、$^4F_{7/2}$、

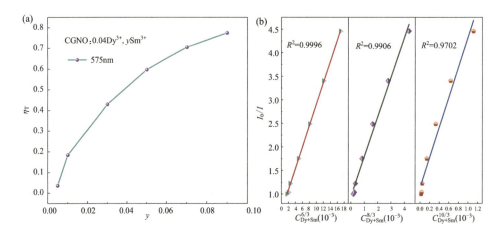

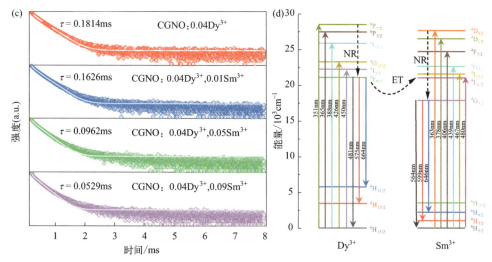

图 6-19 （a）η_T 随 y 的 变 化；（b）I_0/I 与 $C^{n/3}$ （n=6, 8, 10) 的 关 系 图；（c）CGNO: 0.04Dy^{3+}, ySm^{3+} 的荧光寿命曲线；（d）Dy^{3+} 向 Sm^{3+} 能量转移的示意图

^{4}G$_{9/2}$、^{4}I$_{13/2}$ 和 ^{4}I$_{11/2}$ 激发态能级。通过非辐射弛豫过程，Dy^{3+} 和 Sm^{3+} 分别弛豫到各自的最低激发态（Dy^{3+}: ^{4}F$_{9/2}$，Sm^{3+}: ^{4}G$_{5/2}$）。由于 Dy^{3+}（^{4}F$_{9/2}$）和 Sm^{3+}（^{4}I$_{11/2}$）之间的能量差非常小，因此能量可以在 Dy^{3+} 和 Sm^{3+} 之间转移。当 Dy^{3+} 中处于激发态的电子返回基态时，部分能量会从 Dy^{3+} 的 ^{4}F$_{9/2}$ 能级直接转移到 Sm^{3+} 的 ^{4}I$_{11/2}$ 能级，从而增强 Sm^{3+} 的 ^{4}G$_{5/2}$ → ^{6}H$_{5/2}$、^{6}H$_{7/2}$、^{6}H$_{9/2}$ 和 ^{6}H$_{11/2}$ 辐射跃迁，并减弱 Dy^{3+} 的 ^{4}F$_{9/2}$ → ^{6}H$_{15/2}$、^{6}H$_{13/2}$ 和 ^{6}H$_{11/2}$ 辐射跃迁。

（4）Ca$_2$GaNbO$_6$:Dy^{3+}/Sm^{3+} 的热稳定性

图 6-20（a）、（d）展示了在 298 ～ 473K 范围内，CGNO:0.04Dy^{3+} 和 CGNO: 0.04Dy^{3+}, 0.05Sm^{3+} 的发射光谱。图 6-20（b）、（e）则显示了这两种荧光粉在 351nm 和 363nm 激发下，575nm 处相对荧光强度随温度的变化情况。随着温度的升高，这两种荧光粉的发射强度逐渐降低，在 423K 时分别降至 298K 时强度的 78% 和 91%。结合方程（3-12），计算结果显示，CGNO:0.04Dy^{3+} 和 CGNO:0.04Dy^{3+}, 0.05Sm^{3+} 的活化能分别为 0.1934eV 和 0.1816eV[图 6-20（c）、（f）]。这表明，相较于 CGNO:0.04Dy^{3+}, 0.05Sm^{3+}，CGNO: 0.04Dy^{3+} 的热猝发反应速率对温度更为敏感。

（5）Ca$_2$GaNbO$_6$:Dy^{3+}/Sm^{3+} 的 CIE 和 CCT

图 6-21（a）、（c）分别展示了 CGNO:xDy^{3+}（基于 351nm 激发荧光粉的光谱）和 CGNO:0.04Dy^{3+}, ySm^{3+}（基于 363nm 激发荧光粉的光谱）的 CIE 坐标。我们利用公式（3-5）和式（3-6）计算了 CGNO:xDy^{3+} 和 CGNO:0.04Dy^{3+}, ySm^{3+} 荧光粉的相关色温。表 6-8 列出了所有荧光粉的色度坐标和相关色温。在 CGNO:xDy^{3+} 荧光粉中，随着 Dy^{3+} 浓度的增加，其色温值先降低后升高，在 x=0.06 时达到最低。而

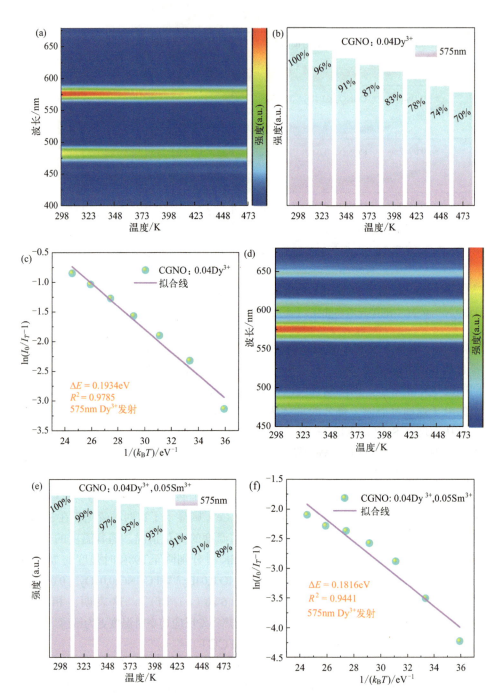

图 6-20 （a），（d）不同温度下，CGNO:0.04Dy³⁺ 和 CGNO:0.04Dy³⁺, 0.05Sm³⁺ 发射光谱的等高线图；（b），（e）BLGO:0.04Dy³⁺ 和 BLGO:0.04Dy³⁺, 0.04Sm³⁺ 在不同温度下发射强度的归一化；（c），（f）ln(I_0/I_T-1) 与 1/($k_B T$) 之间的关系图和拟合线

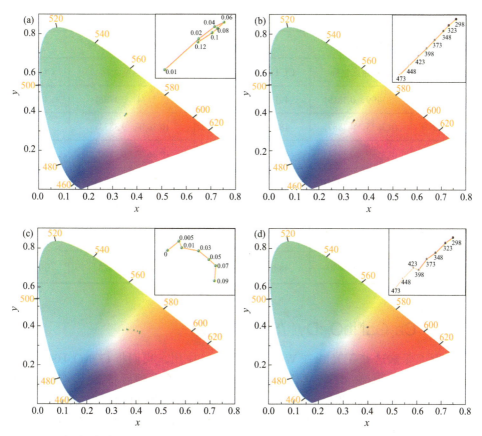

图 6-21 （a），（c）在 351nm 和 363nm 激发下，CGNO:xDy^{3+} 和 CGNO: 0.04Dy^{3+}, ySm^{3+} 荧光粉的 CIE 色度坐标；（b），（d）在 298 ~ 473K 的温度范围内，CGNO:xDy^{3+} 和 CGNO:0.04Dy^{3+}, ySm^{3+} 荧光粉的 CIE 色度坐标

在 CGNO:0.04Dy^{3+}, ySm^{3+} 荧光粉中，随着 Sm^{3+} 浓度的增加，色温值趋于降低，色调逐渐由自然白变为暖白。图 6-21（b）、（d）则分别展示了在 298 ~ 473K 温 度 范 围 内，CGNO:0.04Dy^{3+} 和 CGNO:0.04Dy^{3+}, 0.05Sm^{3+} 荧光粉的 CIE 色度图。计算不同温度下的色度偏移结果显示，在 351nm 激发下，CGNO:0.04Dy^{3+} 在 323K、373K、423K 和 473K 下的色度偏移分别为 0.001628、0.005117、0.009047 和 0.013693；而在 363nm 激发下，CGNO:0.04Dy^{3+}, 0.05Sm^{3+} 在相应温度下的 ΔS 值分别为 0.001516、0.005153、0.007712 和 0.011262。随着温度的升高，色度偏移增大。但在 473K 时，色度偏移值仍然较小，这表明本研究制备的 CGNO:0.04Dy^{3+} 和 CGNO:0.04Dy^{3+}, 0.05Sm^{3+} 荧光粉具有较高的热色度稳定性。

表 6-8　CIE 色度坐标和色温

CGNO:xDy³⁺			CGNO:0.04Dy³⁺, ySm³⁺		
x	CIE 色度坐标	CCT/K	y	CIE 色度坐标	CCT/K
0.01	(0.3499, 0.3819)	4918	0	(0.3474, 0.3786)	4989
0.02	(0.3533, 0.3887)	4834	0.005	(0.3638, 0.3833)	4502
0.04	(0.3549, 0.3914)	4795	0.01	(0.3677, 0.3799)	4370
0.06	(0.3558, 0.3924)	4771	0.03	(0.3926, 0.3783)	3697
0.08	(0.3552, 0.3910)	4785	0.05	(0.4074, 0.3738)	3313
0.10	(0.3547, 0.3901)	4797	0.07	(0.4173, 0.3706)	3072
0.12	(0.3532, 0.3880)	4833	0.09	(0.4156, 0.3628)	3031

6.3.4　Ca$_2$GaNbO$_6$:Dy³⁺/Sm³⁺ 的应用

为了探索这些荧光粉在 WLED 中的潜在应用，我们将 CGNO:0.04Dy³⁺ 和 CGNO:0.04Dy³⁺, 0.05Sm³⁺ 荧光粉与环氧树脂均匀混合，然后将混合物涂覆在由 365nm 光激活的 LED 芯片上，并进行封装，从而制作出 WLED 灯。图 6-22（a）、（b）显示了当向 WLED 灯提供 3.5V 和 0.6A 的电源时所获得的电致发光光谱。图 6-22（c）则清晰展示了这两种灯具在 CIE 色度图上的确切位置和坐标。实验数据表明，搭载有 CGNO:0.04Dy³⁺ 荧光粉和 CGNO:0.04Dy³⁺, 0.05Sm³⁺ 荧光粉的 LED 的相关色温分别为 3480K 和 2893K。CGNO:0.04Dy³⁺, 0.05Sm³⁺ 荧光粉发出的白光更加柔和、温暖，能够营造出舒适、放松的氛围，有助于缓解压力、改善情绪。

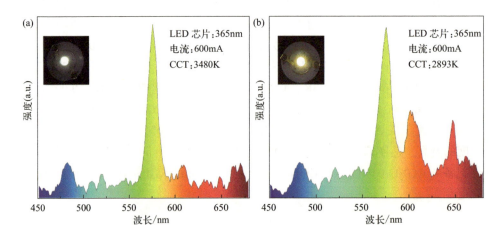

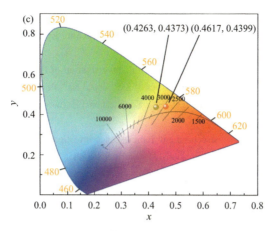

图 6-22 （a）使用 CGNO:0.04Dy^{3+} 荧光粉制作的 WLED 的电致发光光谱（插图：WLED 器件照片）；（b）使用 CGNO:0.04Dy^{3+}, 0.05Sm^{3+} 荧光粉制作的 WLED 的电致发光光谱（插图：WLED 器件照片）；（c）制作的 WLED 的色度坐标

6.3.5　小结

　　制备的 CGNO:Dy^{3+}/Sm^{3+} 荧光粉在 340 ～ 400nm 波长范围内能够有效激发，预示着它可应用于紫外线 LED 芯片激发的 WLED 中。我们通过掺杂不同量的 Sm^{3+}，探究了敏化剂 Dy^{3+} 与激活剂 Sm^{3+} 之间的能量传递过程。结果表明，该能量传递过程是通过偶极 - 偶极相互作用实现的，且当 Sm^{3+} 浓度达到最高时，能量传递效率也达到最大值，为 77.6%。荧光寿命的降低也表明存在从 Dy^{3+} 到 Sm^{3+} 的能量传递。在 423K 温度下，CGNO:0.04Dy^{3+} 荧光粉的发光强度为其初始强度的 78%，表现出良好的热稳定性；而同样温度下，CGNO:0.04Dy^{3+}, 0.05Sm^{3+} 荧光粉的发光强度则为其初始强度的 91%，具有更优异的抗热猝灭性能。利用国际照明委员会色度坐标，我们分析了荧光粉的色温、色偏和色纯度，并得出结论：随着 Sm^{3+} 浓度的逐渐增加，共掺荧光粉的发光颜色由自然白光转变为柔和的暖白光，并且在高温下仍能保持良好的色稳定性。将 CGNO:0.04Dy^{3+}, 0.05Sm^{3+} 封装到白光 LED 中，得到的色温值为 2893K。这些研究表明，CGNO:0.04Dy^{3+}, 0.05Sm^{3+} 荧光粉能够在低色温下产生柔和、稳定的暖白光，营造出温馨舒适的氛围，适用于餐厅、卧室等室内照明场所。

参考文献

[1] Souadi G，Kaynar Ü H，Sonsuz M，et al. Unravelling the impact of unusual heating rate，dose-response and trap parameters on the thermoluminescence of Sm^{3+} activated GdAl$_3$(BO$_3$)$_4$ phosphors exposed to beta particle irradiation[J]. Radiation Physics and Chemistry，2023，213：111211.

[2] Madkhli A Y, Kaynar Ü H, Coban M B, et al. Characterization, room and low temperature photoluminescence of yttrium aluminium borate activated with Sm³⁺ ions[J]. Materials Research Bulletin, 2023, 161: 112167.

[3] Albert K J, Kennedy S M M, Princy A, et al. Investigation of the luminescence properties and temperature dependent luminescence properties of Sm³⁺ doped NaPbBi₂(PO₄)₃ orthophosphate phosphor: A promising candidate for light and light sensing applications[J]. Inorganic Chemistry Communications, 2024, 164: 112445.

[4] Liu Z, Chen Q. Synthesis, structural and luminescence investigations of novel Na₃Bi₅(PO₄)₆: Sm³⁺ Eulytite phosphors for photonic applications[J]. Optical Materials, 2022, 126: 112105.

[5] Zhang N N, Yang Y G, Yan X Y, et al. Preparation and photoluminescence properties of novel orange-red La₃Ga₅SiO₁₄: Sm³⁺ phosphors[J]. Ceramics International, 2023, 49 (10): 16080-16088.

[6] Kaur H, Jayasimhadri M, Sahu M K, et al. Synthesis of orange emitting Sm³⁺ doped sodium calcium silicate phosphor by sol-gel method for photonic device applications[J]. Ceramics International, 2020, 46 (16): 26434-26439.

[7] Hua Y, Ran W, Yu J S. Advantageous occupation of europium (Ⅲ) in the B site of double-perovskite Ca₂BB'O₆ (B=Y, Gd, La; B'=Sb, Nb) frameworks for white-light-emitting diodes[J]. ACS Sustainable Chemistry & Engineering, 2021, 9 (23): 7960-7972.

[8] Zhang A, Sun Z, Wang Z, et al. Self-calibrated ratiometric thermometers and multi-mode anti-counterfeiting based on Ca₂LaNbO₆:Pr³⁺ optical material[J]. Scripta Materialia, 2022, 211: 114515.

[9] Shibanuma T, Okamoto T. Effect of Sr substitution on the luminescence of Pr-activated Ca₂₋ₓSrₓLaNbO₆[J]. Journal of Luminescence, 2020, 224: 117283.

[10] Xu Y, Li G, Guan X, et al. Synthesis, crystal structure and photoluminescence properties of novel double perovskite La₂CaSnO₆:Eu³⁺ red-emitting phosphors[J]. Journal of Rare Earths, 2022, 40 (11): 1682-1690.

[11] Wi S W, Seo J W, Lee Y D, et al. Cation substitution induced structural phase transitions and luminescence properties of Eu³⁺-doped A₂LaNbO₆ (A=Ba, Sr, and Ca) double perovskite[J]. Journal of Alloys and Compounds, 2024, 976: 173102.

[12] Hua Y, Yu J S. Synthesis and luminescence properties of reddish-orange-emitting Ca₂GdNbO₆:Sm³⁺ phosphors with good thermal stability for high CRI white applications[J]. Ceramics International, 2021, 47 (5): 6059-6067.

[13] Wang Z, Luan X, Ma G, et al. Novel yellow-orange-emitting Ba₃Lu₄O₉:Sm³⁺ phosphors with good thermal stability and high color purity for solid state lighting[J]. Journal of Materials Science: Materials in Electronics, 2021, 32: 7285-7293.

[14] Lee J K, Hua Y, Yu J S. Reddish-orange-emitting CaLa₄Ti₄O₁₅:Sm³⁺ phosphors with good thermal stability for WLED applications[J]. Journal of Alloys and Compounds, 2023, 960: 170615.

[15] Zhang Z, Zhou W, Zhang Z, et al. Preparation and luminescence properties of Ba₉Y₂Si₆O₂₄:Sm³⁺ phosphors with excellent thermal stability for solid-state lightning[J]. Applied Physics A, 2021, 127: 1-8.

第7章

Ca$_2$GaTaO$_6$:RE^{3+} 的
发光性能与应用

7.1 引言

    Ca$_2$GaTaO$_6$（CGTO）也属于双钙钛矿结构，本节采用传统的高温固相法制备了 Ca$_2$GaTaO$_6$:Sm^{3+} 荧光粉，并对其结构、微观形貌和光致发光性能进行了研究。此外，还封装和制备了 LED 灯和防伪油墨，以探索荧光粉在 WLED 和防伪油墨领域的应用价值。

7.2 Ca$_2$GaTaO$_6$:Sm^{3+} 的发光性能与应用

7.2.1 Ca$_2$GaTaO$_6$:Sm^{3+} 的制备及微观结构

（1）Ca$_2$GaTaO$_6$:Sm^{3+} 的制备

    通过传统的高温固相反应技术制备一系列 Ca$_2$GaTaO$_6$:xSm^{3+}（x=0，0.005，0.01，0.03，0.05，0.07，0.09，0.11）粉末样品。制备过程采用高纯度的原料，包括 CaCO$_3$、Ga$_2$O$_3$、Ta$_2$O$_5$ 以及 Sm$_2$O$_3$，在 1450℃的温度下持续进行了 4h 高温烧结。为了简化表述，我们将 Ca$_2$GaTaO$_6$ 的化学式简写为 CGTO，而将掺杂了不同浓度 Sm^{3+} 的 Ca$_2$GaTaO$_6$ 表示为 CGTO:xSm^{3+}。

（2）Ca$_2$GaTaO$_6$:Sm^{3+} 的物相

    图 7-1（a）展示了不同浓度 CGTO:xSm^{3+} 的 XRD 结果。分析显示，所合成

的荧光粉样品的主要衍射峰与 JCPDS 数据库中编号为 00-046-0709 的 Ca_2GaTaO_6 标准卡片的主要衍射峰相吻合。不过，由于烧结温度相对较低，在 29.8°位置观察到了少量的 $Ca_2Ta_2O_7$ 杂质峰。图 7-1（b）中的插图则展示了 Ca_2GaTaO_6 的晶体结构。从图中可以看出，合成的荧光粉具有与 *Pnma*（62）空间群相匹配的正交晶体结构。在这一结构中，六个 O^{2-} 分别与 Ga^{3+} 和 Ta^{5+} 结合，形成了 $[GaO_6]$ 和 $[TaO_6]$ 八面体，并通过共享 O^{2-} 相互连接。而钙离子则位于八面体之间的空隙中，与周围的八个 O^{2-} 结合，构成 $[CaO_8]$ 多面体。为了估算 Sm^{3+} 在 Ca_2GaTaO_6 基质中的占据情况，我们可以通过式（4-5）计算 Sm^{3+} 与其他相关离子之间的离子半径差异来进行初步判断。已知离子的相关数据为：Ca^{2+}（$CN=8$，$R=1.12nm$）、Ga^{3+}（$CN=6$，$R=0.62nm$）、Ta^{5+}（$CN=6$，$R=0.64nm$）以及 Sm^{3+}（$CN=8$，$R=1.079nm$）。经过计算，我们得出以下结果：Sm^{3+} 与 Ta^{5+} 之间的 D_r 值为 55.51%，Sm^{3+} 与 Ga^{3+} 之间的 D_r 值为 56.91%，而 Sm^{3+} 与 Ca^{2+} 之间的 D_r 值仅为 3.66%，这一数值远低于 15%。因此，我们可以合理推断，在晶体中，Sm^{3+} 主要取代 Ca^{2+} 的位置。

另外我们对 CGTO:0.03Sm^{3+} 样品执行了 XRD 慢扫描，随后利用 FullProf 软件对所得数据进行了精修处理。如图 7-1（b）所示，精修结果表明实验数据与理论计算结果高度吻合，误差极小，曲线匹配良好。CGTO:0.03Sm^{3+} 样品的详细精修参数列于表 7-1 中。R_{wp} 和 R_p 的值分别为 8.16% 和 6.28%，均低于 10%，这表明精修结果具有可信度。综上所述，通过对 XRD 及精修结果的综合分析，我们可以推断 Sm^{3+} 已经成功取代了晶体晶格中较大的 Ca^{2+} 阳离子。

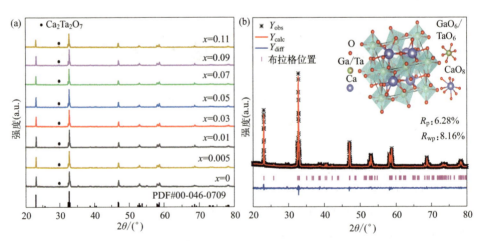

图 7-1 （a）CGTO:$x$$Sm^{3+}$ 的 XRD 衍射图；（b）CGTO:0.03Sm^{3+} 的 XRD 精修图（插图为 Ca_2GaTaO_6 的晶体结构）

表 7-1 CGTO 的晶体结构信息以及 CGTO:0.03Sm³⁺ 的精修参数

样品	CGTO	CGTO: 0.03Sm³⁺
空间群	$Pnma$ (62)	$Pnma$ (62)
晶格参数	a=5.42932Å b=7.72462Å c=5.51555Å $\alpha=\beta=\gamma=90°$	a=5.42651Å b=7.71755Å c=5.51079Å $\alpha=\beta=\gamma=90°$
晶胞体积 /Å³	V=231.319	V=230.789
可靠性系数 /%	——	R_p=6.28, R_{wp}=8.16

(3) Ca₂GaTaO₆:Sm³⁺ 的 SEM 和 EDS

为了分析所制备样品的元素组成，并确认 Sm³⁺ 是否已成功掺杂，我们对 CGTO:0.05Sm³⁺ 样品进行了 SEM 观察及元素映射分析，相关结果如图 7-2 所示。具体来说，图 7-2（a）、（b）分别展示了在 5μm 和 2μm 尺度下 CGTO:0.05Sm³⁺ 荧光粉的 SEM 图像。从这些图像中可以看出，荧光粉颗粒分布相对均匀，形态多样，且晶粒尺寸处于微米级别。图 7-2（c）～（g）显示了样品中各元素的分布情况，其中 Ca、Ta、Ga、Sm 及 O 元素分别用红色、绿色、蓝青色、黄色及紫色标记。从图中可以观察到，这些元素在 CGTO 基体中均呈现出均匀分布的特点。关于 CGTO:0.05Sm³⁺ 样品的 EDS 分析结果，请参见图 7-2（h）。EDS 结果有力地证实了 CGTO:0.05Sm³⁺ 样品中所有预期元素的存在。此外，如表 7-2 所示，在 CGTO:0.05Sm³⁺ 样品中，Ca、Ga、Ta、O 及 Sm 的实测原子比例分别为 16.78%、9.69%、11.83%、61.28% 和 0.48%，而对应的理论原子比例则分别为 19.50%、10%、10%、60% 和 0.5%。通过对比可以发现，实测值与理论值之间的差异较小，这进一步证明了 Sm³⁺ 已成功掺杂到 CGTO 晶格中。

表 7-2 CGTO:0.05Sm³⁺ 的元素组成百分比

元素	原子分数	质量分数
O K	61.28%	21.63%
Ca K	16.78%	14.83%
Ga K	9.69%	14.90%
Ta L	11.83%	1.41%
Sm L	0.48%	47.23%

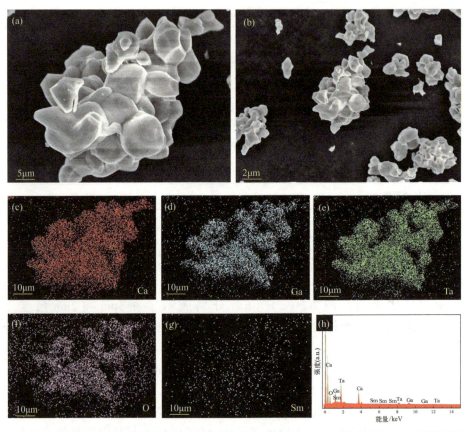

图 7-2　CGTO:0.05Sm³⁺ 的 SEM、元素分布及 EDS 图：(a),(b) 不同放大倍数下的 SEM 图；(c)~(g) 元素分布图；(h) EDS 图

(4) Ca₂GaTaO₆:Sm³⁺ 的 XPS

如图 7-3 所示，选择 CGTO:0.03Sm³⁺ 作为样品，以 C 1s 电子能级峰为基准（参考值为 284.6eV）来测定 XPS 曲线，并通过分析基体的元素构成、化合价和化学键来探讨其特性。图 7-3（a）表明，在寻峰过程中检测到了基体中存在的 Ca、Ga、Ta、O 以及掺杂元素 Sm，这证明了 Sm³⁺ 已成功掺入基质晶格中。图 7-3（b）~（f）分别展示了 Ca、Ga、O、Ta 和 Sm 元素的精细光谱。在图 7-3（b）中，Ca 2p 轨道分裂为两个明显的峰，分别位于 347.19eV 和 350.76eV，这证实了二价 Ca²⁺ 的存在。图 7-3（c）则显示了两个分别位于 19.29eV 和 20.54eV 的 Ga 3d 单峰，这两个峰对应于 Ga₂O₃ 中的 Ga³⁺ 氧化态。图 7-3（d）所示位于 530.47eV 的峰可能与晶格氧有关，而 532.12eV 的峰则可能与吸附氧相关。如图 7-3（f）所示，Sm 3d₅／₂ 的峰值出现在 1083.39eV 处，该峰值源自掺杂位点上的 Sm—O 键。

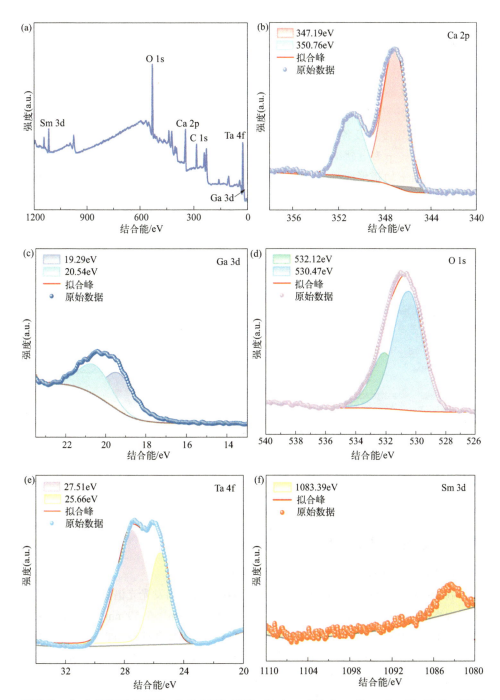

图 7-3 （a）CGTO:0.03Sm³⁺ 的 XPS 总图；（b）～（f）Ca、Ga、O、Ta 和 Sm 元素的精细谱图

（5）Ca₂GaTaO₆ 的能带结构和态密度

采用 DFT 计算了 CGTO 晶体结构的能带结构，具体结果如图 7-4（a）所示。在图 7-4（a）中，我们用五角星标记了 CGTO 化合物的价带最大值和导带最小值，结果显示 VBM 和 CBM 均位于 K 空间的 Γ 点，这表明 CGTO 结构具有直接带隙特性。通过理论计算，我们得出带隙值为 4.052eV。此外，图 7-4（b）显示了 CGTO 化合物的总态密度以及各组成元素的态密度。从图中可以清晰地看到，CBM 主要由 Ta 原子的 s、p 和 d 轨道构成，其中 d 轨道的贡献最为显著。而 VBM 则主要由 O 原子的 s 和 p 轨道形成，p 轨道的贡献占据主导地位。因此，我们可以推断出化合物的带隙跃迁主要源于 O 2p 态向 Ta 5d 态的跃迁，这表明光吸收过程主要与电子从 O^{2-} 向 Ta^{5+} 的跃迁有关。

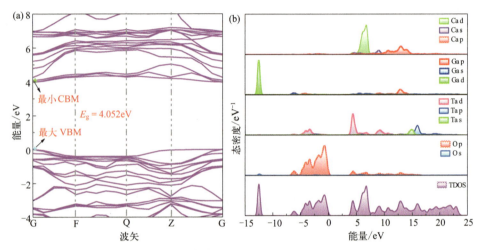

图 7-4　（a）CGTO 的能带结构；（b）CGTO 的 TDOS 和 PDOS

7.2.2　Ca₂GaTaO₆:Sm³⁺ 的发光性能

（1）Ca₂GaTaO₆:Sm³⁺ 的光致发光特性

在 599nm 与 406nm 波长处监测到的 CGTO:xSm³⁺ 的发光光谱如图 7-5（a）所示。观察图 7-5（a）左侧的激发光谱，可见 CGTO:xSm³⁺ 在 599nm 和 406nm 波长下呈现出一系列强烈的激发峰。具体来说，Sm³⁺ 的 4f-4f 跃迁在 300 ~ 500nm 范围内展现出明显的激发峰，其波长分别位于 347nm、363nm、377nm、406nm、439nm 和 467nm，对应的能级跃迁为 $^6H_{5/2}$ 至 $^4F_{9/2}$、$^4D_{3/2}$、$^6D_{1/2}$、$^4F_{7/2}$、$^6G_{9/2}$ 和 $^4I_{13/2}$。由于这些波长与商用 WLED 的输出波长相吻合，因此 405nm 紫外 InGaN 芯片可望用于激发所制备的荧光粉。据此推测，CGTO:xSm³⁺ 荧光粉在 WLED 领域具有潜在应用价值。

图 7-5（a）右侧展示了在 406nm 波长下监测到的 CGTO:xSm^{3+} 荧光粉的 PL 光谱。在此光谱中，Sm^{3+} 发生了 $^4G_{5/2}$ 至 ^6H_J（J=5/2、7/2 和 9/2）的跃迁。其中，564nm 处的 $^4G_{5/2}$ 至 $^6H_{5/2}$ 跃迁为磁偶极跃迁，而 646nm 处的 $^4G_{5/2}$ 至 $^6H_{9/2}$ 跃迁则为电偶极跃迁。Sm^{3+} 产生的强烈橙红色发射主要源于 599nm 处的跃迁（$^4G_{5/2}$ 至 $^6H_{7/2}$），这是电偶极子跃迁与磁偶极子跃迁共同作用的结果。根据 J-O 理论，当 ED 跃迁与 MD 跃迁的强度比大于 1 时，表明 Sm^{3+} 处于非中心对称位置。

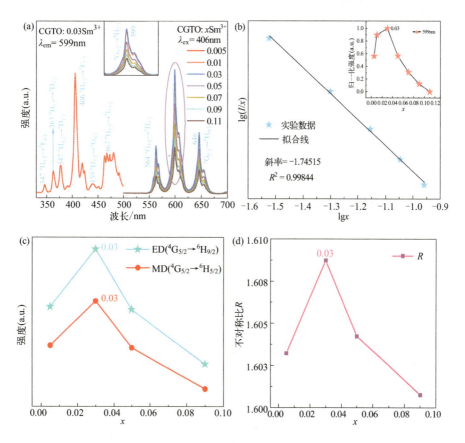

图 7-5 （a）CGTO:xSm^{3+} 的发射光谱；（b）lg(I/x) 与 lg$x$ 之间的关系拟合图；（c）随浓度变化 ED 和 MD 跃迁发射强度的变化；（d）不对称比 R 与 Sm^{3+} 浓度的关系

为了探讨 Sm^{3+} 在 CGTO 晶格中的对称性，我们计算了不对称比 R，其公式如下：

$$R = \frac{\int_{625}^{675} {}^6H_{9/2} \mathrm{d}\lambda}{\int_{550}^{580} {}^6H_{5/2} \mathrm{d}\lambda} \tag{7-1}$$

利用该公式计算得到的 CGTO:xSm^{3+} 样品 R 值如图 7-5（d）所示。同时，图 7-5（c）

展示了 ED 和 MD 跃迁的发射强度。研究结果显示，在本研究中 ED 跃迁的强度高于 MD 跃迁，这表明 Sm³⁺ 周围的高度不对称环境有利于制备出颜色纯度高、亮度强的红色荧光粉。

此外，正如图 7-5（a）中的插图所展示的那样，随着 Sm³⁺ 掺杂浓度的逐步上升，发光峰的位置并未出现明显移动，波长保持恒定，仅仅发光强度发生了改变。发光强度的归一化数据被描绘在图 7-5（b）右上方的插图中。显而易见，样品的发光强度会随着掺杂离子比例的递增而逐渐增强。当 Sm³⁺ 的浓度达到 3%（摩尔分数）时，发光强度攀升至峰值。然而，若掺杂离子的浓度持续增加，发光强度则会呈现出缓慢下降的趋势。对于 CGTO:xSm³⁺ 样品，其晶胞体积 V=231.319Å³，临界浓度 x_c=0.03，N=2。据此计算得出，Sm³⁺ 与其相邻离子之间的距离 $R_c \approx 19.46$Å。这一结果表明，在 CGTO:xSm³⁺ 荧光粉中，R_c 值远大于 5Å，由此可以推断，猝灭作用主要归因于电多级相互作用。

对于 CGTO:xSm³⁺ 样品，V=231.319Å³、x_c=0.03 和 N=2。因此，经过计算，可以确定 Sm³⁺ 与相邻离子之间的 R_c 约为 19.46Å。结果表明，在 CGTO:xSm³⁺ 荧光粉中，R_c 值远远大于 5Å，这表明猝灭作用主要是电多级相互作用。因此，为了进一步分析 CGTO:xSm³⁺ 的电多级相互作用，利用 Dexter 理论可以得到 CGTO:xSm³⁺ 的 lg(I/x) 与 lg$x$ 的拟合图，见图 7-5（b）。结果表明，拟合曲线的斜率为 -1.74515，计算出 Q 值为 5.2355，接近 6。因此，可以认为 CGTO:xSm³⁺ 的浓度猝灭机制是通过偶极 - 偶极相互作用实现的。能级图如图 7-7（a）所示。

(2) Ca₂GaTaO₆:Sm³⁺ 的热稳定性

我们以 CGTO:0.03Sm³⁺ 荧光粉为代表样品，测试了在 406nm 激发下 298 ~ 448K 范围内的发射强度。荧光粉的热稳定性等值线图（298 ~ 448K）见图 7-6（a）。结果表明，随着温度的升高，CGTO:0.03Sm³⁺ 样品的发光强度逐渐减小，这是由于

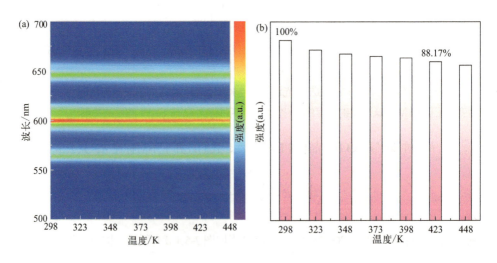

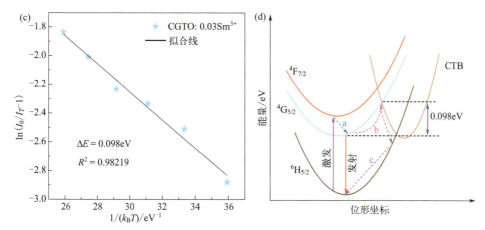

图 7-6　CGTO:0.03Sm³⁺ 的热稳定性：（a）不同温度下发射光谱的等高线图；（b）不同温度下发射强度的归一化；（c）$\ln(I_0/I_T-1)$ 和 $1/(k_BT)$ 之间的关系图和拟合线；（d）CGTO:0.03Sm³⁺ 荧光粉的热猝灭过程

在不同温度条件下，热猝灭在发光行为中的作用。从图 7-6（b）中的热稳定性直方图可以看出，423K 时的发光强度是 298K 时的 87.17%。结果表明，CGTO:0.03Sm³⁺ 荧光粉具有良好的热稳定性。

CGTO:0.03Sm³⁺ 的 $\ln(I_0/I_T-1)$ 与 $1/(k_BT)$ 之间的关系，如图 7-6（c）所示，呈现线性相关。拟合得到的斜率为 −0.098。因此，计算得出 CGTO:0.03Sm³⁺ 荧光粉的 ΔE 为 0.098eV。图 7-6（d）描述了热猝灭过程。

（3）Ca₂GaTaO₆:Sm³⁺ 的荧光寿命和量子产率

使用单指数函数对 CGTO:xSm³⁺ 的荧光衰减曲线进行拟合，拟合的结果如图 7-7（b）所示。结果显示，在 x=0.005、0.03、0.07 和 0.11 时，CGTO:Sm³⁺ 的衰

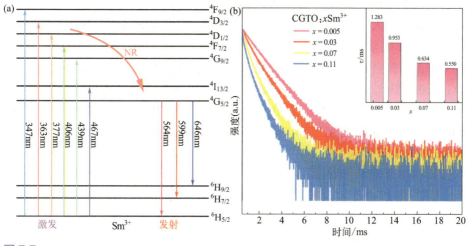

图 7-7

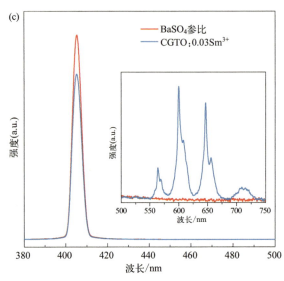

图 7-7 （a）CGTO 中 Sm³⁺ 的能级跃迁图；（b）CGTO:xSm³⁺ 荧光粉的荧光衰减曲线；（c）CGTO:0.03Sm³⁺ 的量子效率

变时间分别为 1.283ms、0.953ms、0.634ms 和 0.550ms。很明显，CGTO:Sm³⁺ 的寿命随浓度的升高而降低。如图 7-7（c）所示，当在 406nm 处激发时，根据式（3-3）算出 CGTO:0.03Sm³⁺ 荧光粉的 QY 约为 28.1%。

（4）Ca₂GaTaO₆:Sm³⁺ 的 CIE、CCT 和 CP 分析

为了证实 CGTO:xSm³⁺ 在紫外光激发下的强烈橙红色发射，对制备的掺杂不同浓度 CGTO:xSm³⁺ 的荧光粉进行了 CIE 色度坐标评估。如图 7-8（a）中的 CIE 色度图形状所示，各样品的 CIE 色度坐标位置基本一致，图 7-8（a）的插图具体显示了不同浓度 CGTO:xSm³⁺ 的色度坐标位置，结果表明，即使改变浓度，色度坐标的变化也不大，都在橘红色部分。图 7-8（a）的插图显示，CGTO:0.03Sm³⁺ 样品在 365nm 紫外线照射下呈现橙红色。表 7-3 是 CGTO:xSm³⁺ 的 CIE、CCT 和 CP 值，表明它们是 WLED 红色发光的有力竞争者。图 7-8（b）显示了 CGTO:0.03Sm³⁺ 荧光粉在 406nm 激发下的色度坐标在温度变化时的移动。随着温度的升高，色度坐标向橙色区域移动。根据 CIE 1931 软件可知，CGTO:0.03Sm³⁺ 荧光粉的色度坐标（u'，v'）在初始温度下为（0.3212，0.5505），在 448K 时为（0.3103，0.552）。结果表明，即使在高温环境下，CGTO:0.03Sm³⁺ 荧光粉也能有效地保持色彩一致性。总之，CGTO:xSm³⁺ 荧光粉在橙红区域发光，CCT 在 1719 ~ 1736K 范围内，色纯度高达 99.44%，在高温下具有良好的色彩质量。表 7-4 列出了之前报道过的掺杂 Sm³⁺ 的基质材料。相比之下，本文所制备的荧光粉具有出色的色纯度。

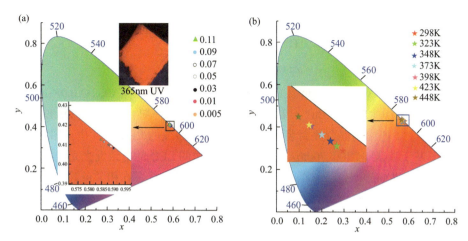

图 7-8 （a）CGTO:xSm³⁺ 荧光粉的色度坐标图（插图：在 365nm 紫外线照射下的荧光粉照片）；（b）CGTO:xSm³⁺ 荧光粉在不同温度条件下的色度坐标变化

表 7-3 CGTO:xSm³⁺ 的 CIE、CCT 和 CP

x	CIE 色度坐标	CCT/K	CP/%
0.05	(0.588, 0.410)	1725	98.92
0.1	(0.590, 0.408)	1719	99.43
0.3	(0.590, 0.409)	1719	99.44
0.5	(0.589, 0.409)	1722	99.15
0.7	(0.588, 0.410)	1725	98.89
0.9	(0.586, 0.412)	1731	98.41
0.11	(0.585, 0.413)	1736	98.08

表 7-4 CGTO: 0.03Sm³⁺ 与其他 Sm³⁺ 掺杂荧光粉的对比

样品名称	CIE 色度坐标	CP/%	参考文献
Ca₂GdNbO₆:Sm³⁺	(0.633, 0.366)	78.38	[1]
Ba₂LiGa(P₂O₇)₂:Sm³⁺	(0.552, 0.407)	89	[2]
Ca₂MgSi₂O₇:Sm³⁺	(0.636, 0.363)	94	[3]
CGTO:0.03Sm³⁺	(0.590, 0.409)	99.44	本工作

7.2.3　Ca₂GaTaO₆:Sm³⁺ 的应用

（1）Ca₂GaTaO₆:Sm³⁺ 在 WLED 中的应用

为了探索 CGTO:0.03Sm³⁺ 在 WLED 中的应用价值，将 CGTO:0.03Sm³⁺、商用绿色荧光粉（BaSiO₄:Eu²⁺）和商用蓝色荧光粉 BAM（BaMgAl₁₀O₁₇:Eu²⁺）按800∶1∶1 的比例混合并封装到一个由 405nm 激发的 LED 芯片中。图 7-9（a）显示了基于 3.4V 电压和 700mA 电流前提下制作的 LED 的电致发光光谱结果。插图显示，在 700mA 电流驱动下，LED 发出明亮的暖白光，在相关色温和显色指数（CCT：3642K；Ra：93.5）方面表现出色。此外，为了探索电流对 WLED 性能的

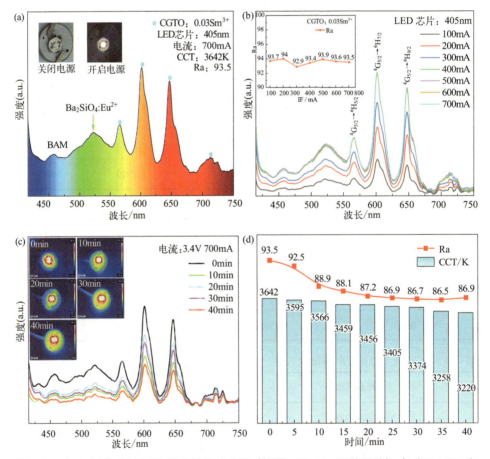

图 7-9　（a）制作的 WLED 的电致发光光谱（插图：WLED 器件照片）；（b）WLED 在不同电流驱动下的电致发光光谱（插图：Ra 值随电流变化的波动情况）；（c）WLED 在不同运行时间的电致发光光谱（插图：WLED 的热成像图）；（d）在 WLED 连续运行 40min时，CCT 和 Ra 随时间的变化

影响，我们通过改变电流测试了 100～700mA 范围内的 EL 光谱。在图 7-9（b）中，测得的 EL 光谱显示了 Sm^{3+} 的 $^4G_{5/2} \rightarrow {}^6H_J$（$J$=5/2、7/2、9/2）转变的三个特征峰，除了发光强度之外，它们与之前的 PL 光谱对应的形状和位置几乎没有变化。此外，在不同的驱动电流下，EL 光谱的形状也没有明显变化，这表明该器件的光谱稳定性很好。至于不同驱动电流下的色温和显色指数，相应的数值如表 7-5 所示，从中可以看出，在电流变化范围内，色温在 3700K 上下波动，波动幅度较小，且相对稳定。显色指数 Ra 趋于稳定，在 92.9～94 之间，确保了高质量的显色性能，其波动图如图 7-9（b）的插图所示。

表 7-5　不同电流驱动下 CGTO:0.03Sm^{3+} 的 Ra 和 CCT

驱动电流 /mA	Ra	CCT/K
100	93.7	3818
200	94.0	3739
300	92.9	3526
400	93.4	3659
500	93.9	3737
600	93.6	3700
700	93.5	3642

为了研究使用 CGTO:0.03Sm^{3+} 荧光粉制作的 WLED 的寿命，我们在电压为 3.4V、电流为 700mA 的前提条件下让 LED 连续工作了 40min。测得的 EL 光谱如图 7-9（c）所示。结果表明，LED 的波形在长期工作中保持一致。图 7-9（c）的插图显示了不同时间的热图像，温度单位为摄氏度。在图像中，发光二极管用黑色圆圈标出。由于在本实验中 LED 没有配备散热基板，因此实际使用的温度会低于图像中的温度。因此，WLED 可以在高温下长时间工作。图 7-9（d）显示，随着时间的推移，CCT 和 Ra 会缓慢下降，而且相对稳定。LED 连续工作 40min 后，CCT 为 3220K，Ra 为 86.9，仍然是良好的性能参数。总之，实验结果表明，封装的 WLED 具有较低的 CCT（3642K）和出色的 CRI 值（93.5），并且在长期工作中仍能保持良好的性能。这些特性证明了 CGTO:0.03Sm^{3+} 在 WLED 中的优异光学性能。

（2）Ca_2GaTaO_6:Sm^{3+} 在安全油墨中的应用

为了研究 CGTO:0.03Sm^{3+} 荧光粉在防伪领域的潜在应用，采用在聚乙烯醇中分散荧光粉的方法制备防伪油墨。图 7-10 展示了 CGTO:0.03Sm³⁺ 荧光粉作为防伪油墨在牛皮纸、陶瓷和玻璃等不同材料上的应用。在图 7-10 中，防伪油墨在正常光线下呈乳白色，而在 365nm 紫外线照射下则呈现出清晰明亮的橙红色荧光，这在荧光灯下是不可见的。如图 7-10（b）～（d）所示，即使应用于不同的载体，它们都能显示出大致相同的防伪效果。综上所述，CGTO:Sm³⁺ 荧光粉在 PVA 介质中具有良好的溶解性和分散性，为防伪油墨提供了先进的隐蔽性和安全性。因此，CGTO:Sm³⁺ 荧光粉在防伪油墨中具有潜在的应用前景。

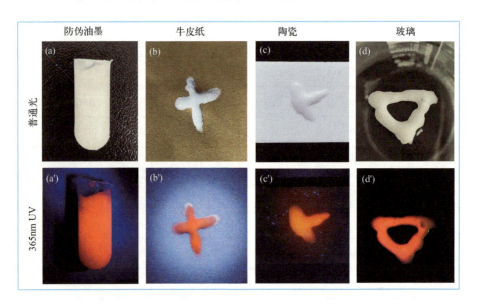

图 7-10　由 CGTO:0.03Sm³⁺ 荧光粉制成的防伪油墨在牛皮纸、陶瓷和玻璃上的应用

7.2.4　小结

综上所述，本节采用传统的高温固相法制备了 $Ca_2GaTaO_6:xSm^{3+}$ 荧光粉。首先，利用 XRD、SEM、EDS 和 XPS 测试表征了荧光粉的形态特征和相结构。检测结果表明，合成样品与 Ca_2GaTaO_6 具有良好的一致性，Sm^{3+} 成功地融入了晶格。其次，在 599nm 波长下监测到的 PLE 光谱中，$Ca_2GaTaO_6:xSm^{3+}$ 在 406nm 波长处的激发光谱强度最强。在 406nm 处激发的发射光谱在 564nm、599nm 和 646nm 处分别有相对较强的发射峰，其中 Sm^{3+} 在 599nm 处发生了 $^4G_{5/2} \to {}^6H_{7/2}$ 跃迁，产生了最强的橙色发射。同时，当 Sm^{3+} 浓度达到 3%（摩尔分数）时，会产生浓度猝灭，猝灭机制被认为主要归因于偶极 - 偶极相互作用。CIE 研究结果表明，$Ca_2GaTaO_6:xSm^{3+}$ 荧光粉在橙红区域发光，CCT 在 1719 ～ 1736K 之间，色纯度高达 99.44%。同时，$Ca_2GaTaO_6:Sm^{3+}$ 荧光粉在

423K 时的强度是初始值的 88.17%，显示出良好的耐热性。QY 为 28.1%。此外，使用 $Ca_2GaTaO_6:0.03Sm^{3+}$ 荧光粉封装的 WLED 器件在 700mA 正向电流下的 CRI 值和 CCT 值分别为 93.5 和 3642K，在长期运行下性能保持相对稳定。在防伪油墨方面，$Ca_2GaTaO_6:xSm^{3+}$ 荧光粉也表现出良好的性能。这些结果表明，$Ca_2GaTaO_6:xSm^{3+}$ 荧光粉在 WLED 和防伪油墨领域具有广阔的应用前景。

7.3 $Ca_2GaTaO_6:Dy^{3+}/Sm^{3+}$ 的发光性能与应用

7.3.1 $Ca_2GaTaO_6:Dy^{3+}/Sm^{3+}$ 的制备及微观结构

（1）$Ca_2GaTaO_6:Dy^{3+}/Sm^{3+}$ 的制备

制备了不同组成的 $CGTO:xDy^{3+}$（x=0, 0.02, 0.04, 0.06, 0.08, 0.10, 0.12）、$CGTO:0.05Sm^{3+}$ 以及 $CGTO:0.06Dy^{3+}, ySm^{3+}$（$y$=0, 0.01, 0.03, 0.05, 0.07, 0.09）粉末样品，这些样品均通过高温固相反应制得。合成 CGTO 化合物所需的原材料包括高纯度的 $CaCO_3$（99.99%）、Ga_2O_3（99.99%）、Ta_2O_5（99.99%）、Sm_2O_3（99.99%）和 Dy_2O_3（99.99%）。在 1450℃ 下烧结 6h。最后，将合成材料自然冷却至室温，然后取出所得物质。

（2）$Ca_2GaTaO_6:Dy^{3+}/Sm^{3+}$ 的物相

图 7-11 展示了 CGTO、$CGTO:0.06Dy^{3+}$、$CGTO:0.05Sm^{3+}$ 以及 $CGTO:0.06Dy^{3+}$, $0.05Sm^{3+}$ 粉末的 XRD 结果。样品的主要衍射峰与标准粉末衍射文件（PDF#00-046-0709）的主要衍射峰相吻合。29.8° 处出现的微量杂质峰与 $Ca_2Ta_2O_7$ 有关，这是由于烧结温度较低所致。图 7-12（a）展示了 Ca_2GaTaO_6 的晶体结构。已知 Ca^{2+}（CN=8）、Ga^{3+}（CN=6）、Ta^{5+}（CN=6）、Dy^{3+}（CN=8）和 Sm^{3+}（CN=8）的半径分别为 1.12Å、0.62Å、0.64Å、1.027Å 和 1.079Å。计算结果显示，Dy^{3+} 与 Ta^{5+} 之间的 D_r 为 60.5%，Dy^{3+} 与 Ga^{3+} 之间的 D_r 为 65.6%，而 Dy^{3+} 与 Ca^{2+} 之间的 D_r 仅为 8.3%，远低于 30%。因此，Dy^{3+}/Sm^{3+} 可以替代晶体中的 Ca^{2+}。

为了进一步确定 Dy^{3+}/Sm^{3+} 在 CGTO 基质中的替代情况，对 CGTO、$CGTO:0.06Dy^{3+}$ 以及 $CGTO:0.06Dy^{3+}, 0.05Sm^{3+}$ 样品进行了慢扫 XRD 测量。Rietveld 精修为样品的相纯度提供了补充表征。图 7-12（b）～（d）分别展示了 CGTO、$CGTO:0.06Dy^{3+}$ 以及 $CGTO:0.06Dy^{3+}, 0.05Sm^{3+}$ 的 Rietveld 精修结果。精修所得结果列于表 7-6 中。合成样品的 R_{wp} 收敛因子均小于 10%，因此精修数据可靠。XRD 和 Rietveld 拟合谱分析表明，Dy^{3+} 和 Sm^{3+} 有效地掺入了 Ca_2GaTaO_6 晶格中。掺杂样品体积的减小也表明，Dy^{3+}/Sm^{3+} 替代了 Ca_2GaTaO_6 基体中较大的阳离子。

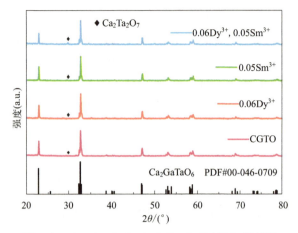

图 7-11　Ca$_2$GaTaO$_6$:Dy^{3+}/Sm^{3+} 的 XRD 衍射图

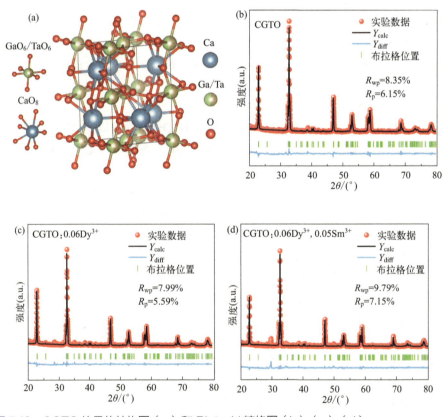

图 7-12　CGTO 的晶体结构图（a）和 Rietveld 精修图（b），（c），（d）

表 7-6　精修结果

样品	CGTO	CGTO:0.06Dy³⁺	CGTO:0.06Dy³⁺, 0.05Sm³⁺
空间群	*Pnma* (62)	*Pnma* (62)	*Pnma* (62)
$a/Å$	5.42932	5.42849	5.42441
$b/Å$	7.72462	7.72282	7.71466
$c/Å$	5.51555	5.51757	5.51120
$\alpha = \beta = \gamma$	90°	90°	90°
$V/Å^3$	231.319	231.314	230.630
Z	2	2	2
$R_p/\%$	6.15	5.59	7.15
$R_{wp}/\%$	8.35	7.99	9.79

（3）Ca₂GaTaO₆:Dy³⁺/Sm³⁺ 的 SEM 和 EDS

图 7-13（a）、（b）展示了在 1450℃下烧结的 CGTO 和 CGTO:0.06Dy³⁺, 0.05Sm³⁺

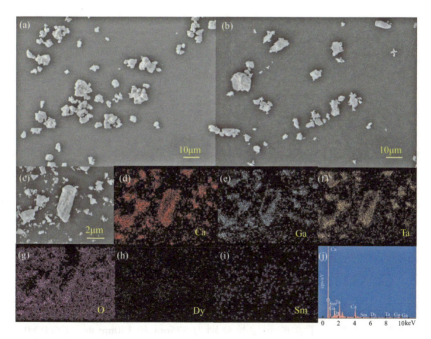

图 7-13　（a），（b）CGTO 和 CGTO:0.06Dy³⁺, 0.05Sm³⁺ 的 SEM 图；（c）~（i）CGTO:0.06Dy³⁺, 0.05Sm³⁺ 的元素分布图；（j）CGTO:0.06Dy³⁺, 0.05Sm³⁺ 的 EDS 图

样品的 SEM 图像。观察图像可知，样品由团聚的不规则微米级颗粒组成，颗粒尺寸从几微米到十几微米不等。图 7-13（c）～（i）显示了样品的元素映射结果。结果表明，CGTO:0.06Dy³⁺, 0.05Sm³⁺ 荧光粉中确实存在 Ca、Ga、Ta、O、Dy 和 Sm 元素。图 7-13（j）展示了从 CGTO:0.06Dy³⁺, 0.05Sm³⁺ 荧光粉样品中获得的 EDS 数据。从图中可以看出，该样品包含 Ca、Ga、Ta、O、Dy 和 Sm 元素。

7.3.2　Ca$_2$GaTaO$_6$:Dy³⁺/Sm³⁺ 的吸收光谱

在图 7-14（a）中，我们描绘了 CGTO:xDy³⁺（x=0，0.02，0.06，0.10）在 200～750nm 范围内的吸收光谱。位于约 350nm、365nm、388nm 和 450nm 处的四个吸收峰分别对应于 Dy³⁺ 的 $^6H_{15/2} \rightarrow {}^6P_{7/2}$、$^6H_{15/2} \rightarrow {}^6P_{5/2}$、$^6H_{15/2} \rightarrow {}^4I_{13/2}$ 和 $^6H_{15/2} \rightarrow {}^4I_{15/2}$ 跃迁。图 7-14（a）的插图描绘了 $h\nu$ 与 $(\alpha h\nu)^2$ 的关系曲线以及拟合线。经计算得出，CGTO:xDy³⁺（x=0，0.02，0.06，0.10）样品的带隙宽度分别为 4.64eV、4.57eV、4.54eV、4.48eV。同样地，通过改变 CGTO:0.06Dy³⁺ 荧光粉中 Sm³⁺ 的掺杂浓度（y=0，0.01, 0.05，0.09），我们得到了图 7-14（b）中所示的在 200～750nm 范围内的吸收光谱。右下角插图展示了 Dy³⁺ 和 Sm³⁺ 的吸收峰。利用公式（5-8）计算得出，随着 Sm³⁺ 浓度的增加，带隙宽度从 4.54eV 减小到 4.44eV。

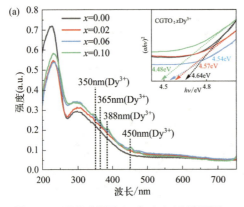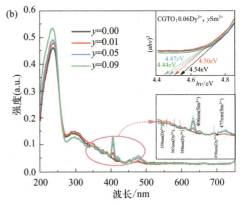

图 7-14　吸收光谱及 $h\nu$ 与 $(\alpha h\nu)^2$ 关系图

7.3.3　Ca$_2$GaTaO$_6$:Dy³⁺/Sm³⁺ 的光致发光特性

（1）Ca$_2$GaTaO$_6$:xDy³⁺ 的光致发光特性

图 7-15（a）展示了在监测波长分别为 575nm 和 350nm 时，CGTO:0.06Dy³⁺ 的光致发光激发和光致发光发射光谱。在测得的激发光谱中，可以明显观察到位于 325nm、350nm、365nm、388nm、426nm、450nm 和 473nm 的七个激发峰，它们分

别对应于 Dy³⁺ 的 ⁶H₁₅/₂ 能级向 ⁶P₃/₂、⁶P₇/₂、⁶P₅/₂、⁴I₁₃/₂、⁴G₁₁/₂、⁴I₁₅/₂、⁴F₉/₂ 能级的跃迁。如图 7-15（a）右侧部分所示，当用 350nm 光激发时，在 CGTO:0.06Dy³⁺ 荧光粉的发射光谱中观察到两个主要的发射带，分别位于 482nm（对应蓝光）和 575nm（对应黄光）。此外，在 664nm 处还有一个较弱的发射带。其中，575nm 处的发射峰对应于 ⁴F₉/₂ → ⁶H₁₃/₂ 跃迁，其强度超过其他所有峰，表明 Dy³⁺ 在基质晶格中占据非中心位置。对于 CGTO:xDy³⁺ 荧光粉，575nm 的黄光发射带对应于 ⁴F₉/₂ → ⁶H₁₃/₂ 的电偶极跃迁，而 482nm 的蓝光发射带则归因于 ⁴F₉/₂ → ⁶H₁₅/₂ 的磁偶极跃迁。如图 7-15（b）的发射光谱所示，575nm 的电偶极跃迁强度超过了 482nm 的磁偶极跃迁强度，从而发射出黄光。图 7-15（b）还显示，随着 Dy³⁺ 浓度的增加，CGTO:xDy³⁺ 的发射强度先上升后下降，在 x=0.06 时达到最大值。当掺杂剂浓度继续升高时，会出现浓度猝灭现象。

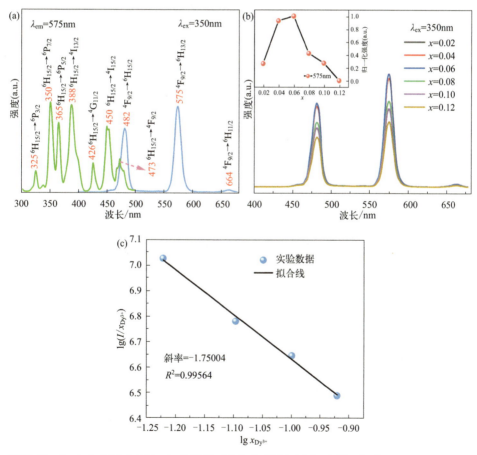

图 7-15 （a）CGTO:0.06Dy³⁺ 的激发（左）和发射（右）光谱；（b）CGTO:xDy³⁺ 的发射光谱（插图：发射强度随 x 的归一化变化曲线）；（c）lg(I/x) 和 lgx 之间的关系拟合图

对于 CGTO:0.06Dy³⁺ 样品，V=231.314Å³，x_c=0.06，Z=2。因此，确定 CGTO 基质晶格中 Dy³⁺ 的临界距离约为 15.5Å。分析表明，R_c 的值远大于 5Å，这表明在 CGTO:xDy³⁺ 荧光粉中，主要的猝灭效应是多极相互作用。基于 Dexter 理论，对 CGTO:xDy³⁺ 中的多极相互作用进行了进一步分析。图 7-15（c）展示了 lg(I/x) 与 lg$x$ 之间的关系。通过线性拟合分析，计算得出斜率（$-Q/3$）等于 -1.75004，由此计算出 Q 值为 5.25012。Q 值更接近 6，这表明偶极 - 偶极相互作用是 CGTO:Dy³⁺ 荧光粉中观察到的猝灭现象的主要原因。

（2）Ca₂GaTaO₆:0.04Dy³⁺/ySm³⁺ 的光致发光特性

图 7-16（a）～（c）分别展示了 CGTO:Dy³⁺、CGTO:Sm³⁺ 以及 CGTO:Dy³⁺，Sm³⁺ 荧光粉的激发和发射光谱。如图 7-16（a）和（b）所示，CGTO:Sm³⁺ 的激发光谱与 CGTO:Dy³⁺ 的发射光谱之间存在明显的重叠区域（450～500nm），因此，在 CGTO 基质中可能发生从 Dy³⁺ 到 Sm³⁺ 的能量转移。如图 7-16（c）所示，在 365nm 激发下，CGTO:Dy³⁺，Sm³⁺ 在 450～680nm 范围内出现了蓝绿色和红色发射带。其中，450～580nm 的发射光谱可归因于 Dy³⁺ 的 f-f 跃迁发射，而 580～680nm 的橙红色发射则可归因于 Sm³⁺ 的 f-f 跃迁发射。在 CGTO:Dy³⁺，Sm³⁺ 荧光粉中，Dy³⁺ 在 575nm 处的激发光谱与 Sm³⁺ 在 599nm 处的激发光谱存在重叠，这表明在 CGTO:Dy³⁺，Sm³⁺ 荧光粉中确实存在从 Dy³⁺ 到 Sm³⁺ 的能量转移。

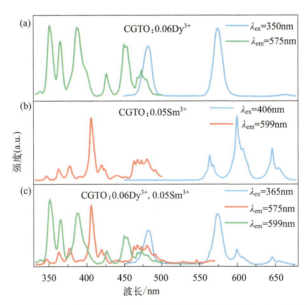

图 7-16　CGTO:0.06Dy³⁺、CGTO:0.05Sm³⁺ 及 CGTO:0.06Dy³⁺, 0.05Sm³⁺ 的激发和发射光谱

图 7-17（a）显示了 CGTO:0.06Dy³⁺, ySm³⁺ 的发射光谱。随着 Sm³⁺ 掺杂量的增加，Dy³⁺ 的特征发射峰逐渐减弱，而 Sm³⁺ 的发射峰则先增强后减弱。当掺杂量 y 达到 0.05 时，Sm³⁺ 的发射峰强度达到最大。一旦 Sm³⁺ 的浓度超过 0.05，由于浓度猝灭效应，发射强度逐渐降低，如图 7-17（b）所示的归一化发射强度曲线所示。本研究结果表明，在 CGTO 中共掺 0.06Dy³⁺ 和不同量 Sm³⁺ 时，光子能量会从 Dy³⁺ 转移到 Sm³⁺。因此，通过调整 Dy³⁺ 和 Sm³⁺ 的掺杂比例，可以在共掺的 CGTO:0.06Dy³⁺, ySm³⁺ 荧光粉中实现可调谐的白光发射。

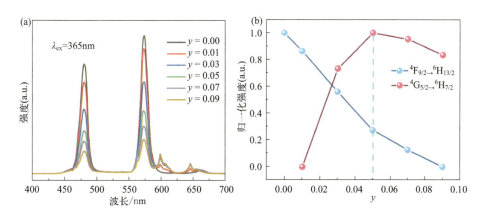

图 7-17　（a）CGTO:0.06Dy³⁺, ySm³⁺ 的发射光谱；（b）归一化发射强度随 y 值的变化曲线

（3）Ca₂GaTaO₆:Dy³⁺/Sm³⁺ 的能量传递机理

图 7-18（a）描绘了 CGTO:0.06Dy³⁺, ySm³⁺ 中 Dy³⁺ 到 Sm³⁺ 的能量转移效率随 Sm³⁺ 浓度的变化。随着 Sm³⁺ 添加量的增加，η_T 逐渐提高，在此浓度范围内从 10% 升至 76%。这表明在 Ca₂GaTaO₆ 基质中，Dy³⁺ 和 Sm³⁺ 之间发生了高效的能量转移。图 7-18（b）展示了 $n=6$，8，10 时 I_0/I 与 $C^{n/3}$ 关系的拟合结果。当 $n=8$ 时，R^2 值最接近 1，因此表明在 CGTO:0.06Dy³⁺, ySm³⁺ 中，能量转移主要通过离子间的偶极 - 四极相互作用发生。作为补充证据，我们在室温条件下测试了所制备样品的寿命，以验证 Dy³⁺ 和 Sm³⁺ 之间发生的能量转移过程。图 7-18（c）展示了 CGTO:0.06Dy³⁺, ySm³⁺（y=0，0.01，0.05，0.09）的衰减曲线。在 365nm 激发下，通过探测 575nm 发射收集了 CGTO:0.06Dy³⁺, ySm³⁺ 的寿命数据。使用指数衰减方程（5-4）评估了测量的寿命曲线，通过方程（5-5）估算了平均寿命。CGTO:0.06Dy³⁺, ySm³⁺（y=0，0.01，0.05，0.09）的 τ_{ave} 拟合结果分别为 0.2098ms、0.1164ms、0.0691ms、0.0471ms。随着 Sm³⁺ 量的增加，Dy³⁺ 的衰减时间逐渐缩短。这进一步证实了 Dy³⁺ 和 Sm³⁺ 之间发生了能量转移。

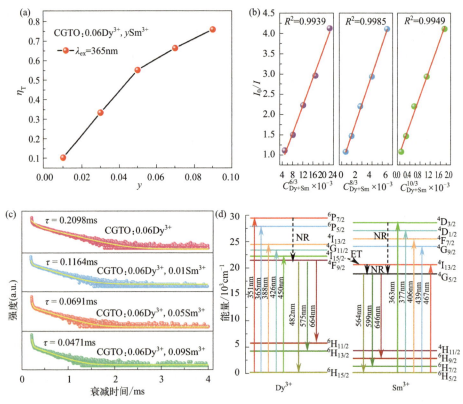

图 7-18 （a）η_T 随 y 的变化；（b）I_0/I 与 $C^{n/3}$（$n=6$，8，10）的关系图；（c）CGTO：$0.06Dy^{3+}$，ySm^{3+} 的荧光寿命曲线；（d）Dy^{3+} 向 Sm^{3+} 能量传递的示意图

如图 7-18（d）所示，激发能量使 Dy^{3+} 从 $^6H_{15/2}$ 基态激发到 $^6P_{7/2}$、$^6P_{5/2}$、$^4I_{13/2}$、$^4G_{11/2}$ 和 $^4I_{15/2}$ 能级。然后，它们通过非辐射跃迁弛豫到 $^4F_{9/2}$ 能级。就激发态能量而言，Dy^{3+} 的 $^4F_{9/2}$ 能级略高于 Sm^{3+} 的 $^4I_{13/2}$ 能级，这一小能量差使得能量可以从 Dy^{3+} 转移到 Sm^{3+}。在从 $^4F_{9/2}$ 弛豫到基态时，分别发生 482nm、575nm 和 664nm 的发射，对应于 $^4F_{9/2} \rightarrow {}^6H_{15/2}$、$^4F_{9/2} \rightarrow {}^6H_{13/2}$ 和 $^4F_{9/2} \rightarrow {}^6H_{11/2}$ 能级跃迁。然后，部分能量通过两态间的能量匹配共振转移到 Sm^{3+} 的 $^4I_{13/2}$ 激发态。此过程是不可逆的，因为 Dy^{3+} 的能量高于 Sm^{3+}，可能的跃迁路径为 Dy^{3+}（$^4F_{9/2}$）$\rightarrow Sm^{3+}$（$^4I_{13/2}$）。

（4）Ca_2GaTaO_6:Dy^{3+}/Sm^{3+} 的热稳定性

我们分别在 298～448K 温度范围内测试了 350nm 激发下的 CGTO:$0.06Dy^{3+}$ 和 365nm 激发下的 CGTO:$0.06Dy^{3+}$，$0.05Sm^{3+}$ 的发射光谱。CGTO:$0.06Dy^{3+}$ 和 CGTO:$0.06Dy^{3+}$，$0.05Sm^{3+}$ 荧光粉的热稳定性如图 7-19（a）和图 7-19（d）所示。随着温度的升高，发光强度逐渐降低，这是由于热猝灭效应导致的。此外，如图 7-19（b）和图 7-19（e）所示，在 423K 时，CGTO:$0.06Dy^{3+}$ 和 CGTO:

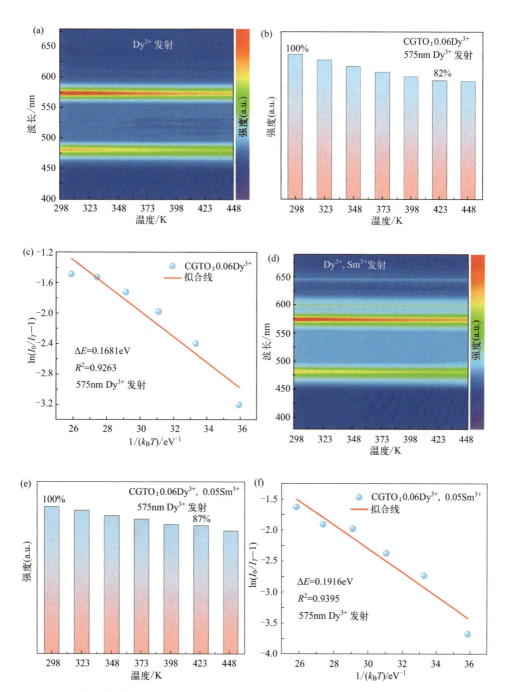

图 7-19 （a），（d）不同温度下，CGTO:0.06Dy³⁺ 和 CGTO:0.06Dy³⁺, 0.05Sm³⁺ 发射光谱的等高线图；（b），（e）CGTO:0.06Dy³⁺ 和 CGTO:0.06Dy³⁺, 0.05Sm³⁺ 在不同温度下发射强度的归一化；（c），（f）$\ln(I_0/I_T-1)$ 与 $1/(k_BT)$ 之间的关系图和拟合线

0.06Dy³⁺，0.05Sm³⁺荧光粉分别能够保持初始发光强度（298K 时）的 82% 和 87%，这表明它们具有出色的热稳定性。

图 7-19（c）和图 7-19（f）展示了 CGTO:0.06Dy³⁺ 和 CGTO:0.06Dy³⁺，0.05Sm³⁺ 的 $\ln(I_0/I_T-1)$ 与 $1/(k_BT)$ 的关系，呈现出线性相关性。斜率分别确定为 -0.1681 和 -0.1916。因此，CGTO:0.06Dy³⁺ 和 CGTO:0.06Dy³⁺，0.05Sm³⁺ 荧光粉的活化能（ΔE）分别计算为 0.1681eV 和 0.1916eV。

（5）Ca₂GaNbO₆:Dy³⁺/Sm³⁺ 的 CIE 和 CCT

图 7-20（a）展示了在 365nm 激发下，CGTO:0.06Dy³⁺，ySm³⁺（y=0，0.01，0.03，0.05，0.07，0.09）粉末的 CIE 色度坐标。插图为紫外光下 CGTO:0.06Dy³⁺ 和 CGTO:0.06Dy³⁺，0.05Sm³⁺ 样品的照片。随着 Sm³⁺ 掺杂浓度的增加，样品逐渐从自然白光区域过渡到暖白光区域，这表明 Dy³⁺ 和 Sm³⁺ 的共掺可以产生单相暖白光发射。样品的色度坐标、相关色温和发光颜色如表 7-7 所示。随着 Sm³⁺ 含量的逐渐增加，CCT 从 4947K 降低至 3525K，光的颜色也从中性白光变为暖白光。因此，Dy³⁺，Sm³⁺ 共掺 CGTO 荧光粉在室内照明应用中更具价值。

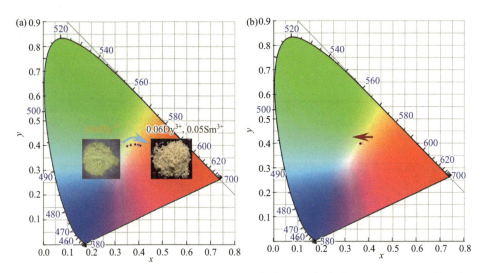

图 7-20 （a）CGTO:0.06Dy³⁺，ySm³⁺ 的 CIE 色度坐标；（b）在 298K 至 448K 范围内，CGTO:0.06Dy³⁺，0.05Sm³⁺ 的 CIE 色度坐标变化

图 7-20（b）展示了在 365nm 激发下，CGTO:0.06Dy³⁺，0.05Sm³⁺ 荧光粉色度坐标随温度变化的趋势。由于 CGTO:0.06Dy³⁺，0.05Sm³⁺ 荧光粉在 298K 时的色度坐标为（0.3687，0.3993），在 448K 时为（0.3622，0.3981），因此计算得出在 448K 时的色度偏移为 0.00645。如此微小的偏移表明，即使在高温（448K）下，掺杂后的 CGTO 样品也能有效保持颜色的一致性。

表 7-7　CIE 色度坐标、CCT 和颜色

样品	CIE 色度坐标	色温 /K	颜色
CGTO:0.06Dy^{3+}	(0.3503, 0.3973)	4947	中性白
CGTO:0.06Dy^{3+}, 0.01Sm^{3+}	(0.3655, 0.4019)	4535	中性白
CGTO:0.06Dy^{3+}, 0.03Sm^{3+}	(0.3837, 0.4036)	4082	中性白
CGTO:0.06Dy^{3+}, 0.05Sm^{3+}	(0.3954, 0.4028)	3806	暖白
CGTO:0.06Dy^{3+}, 0.07Sm^{3+}	(0.4015, 0.4017)	3664	暖白
CGTO:0.06Dy^{3+}, 0.09Sm^{3+}	(0.4070, 0.3988)	3525	暖白

7.3.4　Ca$_2$GaNbO$_6$:Dy^{3+}/Sm^{3+} 的应用

为了探索这些荧光粉在 WLED 领域的潜在应用，我们分别将 CGTO:0.06Dy^{3+} 和 CGTO:0.06Dy^{3+}, 0.05Sm^{3+} 荧光粉与环氧树脂混合，并封装在 365nm 的 LED 芯片上。这些 LED 在 3.4V 和 0.6A 的条件下通电，所得的电致发光光谱如图 7-21 所示。通过实验分析，封装有 CGTO:0.06Dy^{3+} 荧光粉的 LED 的相关色温为 3396K，而封装有 CGTO:0.06Dy^{3+}, 0.05Sm^{3+} 荧光粉的 LED 的 CCT 为 2825K，这表明 CGTO:0.06Dy^{3+}, 0.05Sm^{3+} 荧光粉发出的光偏向更暖的白光，更适合室内照明。图 7-22 展示了在 3.4V 和 600mA 条件下，不同时间间隔下，使用 CGTO:0.06Dy^{3+}, 0.05Sm^{3+} 荧光粉制作的 LED 的热成像图。温度的单位为摄氏度 （℃）。如图 7-22 右上角所示，90min 后拍摄的照片和热成像图证明了该白光 LED 在高温下具有长期工作的能力。

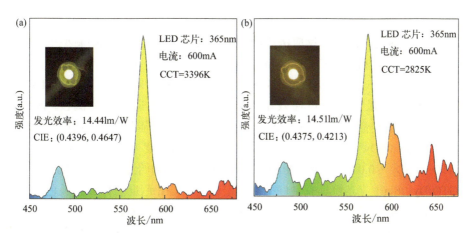

图 7-21　（a）使用 CGTO:0.06Dy^{3+} 荧光粉制作的 WLED 的电致发光光谱（插图： WLED 器件照片）；（b）使用 CGTO:0.06Dy^{3+}, 0.05Sm^{3+} 荧光粉制作的 WLED 的电致发光光谱（插图：WLED 器件照片）

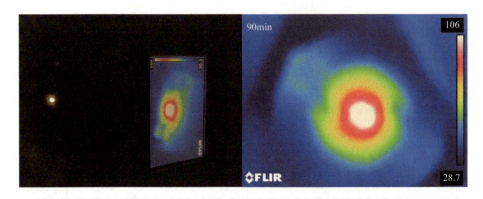

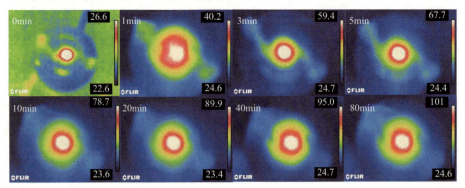

图 7-22　使用 CGTO:0.06Dy³⁺, 0.05Sm³⁺ 荧光粉制作的 WLED 在不同运行时间下的热成像图

7.3.5　小结

本研究通过高温固相反应法成功制备了具有优异发光性能的新型单一基质暖白光发射荧光粉 CGTO:Dy³⁺, Sm³⁺。研究内容涵盖了相组成、微观结构、光学性能、能量传递机制以及热稳定性的考察。研究结果表明，敏化剂 Dy³⁺ 向激活剂 Sm³⁺ 的最大能量传递效率为 76%，且能量传递机制为偶极 - 四极相互作用。荧光寿命曲线进一步证实了 Dy³⁺ 向 Sm³⁺ 的能量传递过程。在 423K 时，CGTO:0.06Dy³⁺ 荧光粉的发光强度保持为初始温度（298K）下的 82%；而 CGTO:0.06Dy³⁺, 0.05Sm³⁺ 荧光粉的发光强度则保持为初始温度下的 87%，这表明 CGTO:Dy³⁺/Sm³⁺ 荧光粉具有良好的热稳定性。从 CIE 色度坐标和相关色温分析来看，随着 Sm³⁺ 浓度的逐渐增加，发射光颜色由中性白光转变为暖白光。这些研究表明，Ca₂GaTaO₆:Dy³⁺, Sm³⁺ 荧光粉能够实现低 CCT 的暖白光发射，这对于室内照明应用具有重要意义。

参考文献

[1] Hua Y, Yu J S. Synthesis and luminescence properties of reddish-orange-emitting $Ca_2GdNbO_6:Sm^{3+}$ phosphors with good thermal stability for high CRI white applications[J]. Ceramics International, 2021, 47 (5): 6059.

[2] Yu M H, Zhao D, Zhang R J, et al. A novel Sm^{3+} activated phosphor powder $Ba_2LiGa(P_2O_7)_2$ with orange-red luminescence and high color purity[J]. Journal of Materials Science: Materials in Electronics, 2023, 34 (32): 2170.

[3] Basavaraj R B, Sureshkumar K, Aarti D P, et al. Excellent photoluminescence and electrochemical properties of Sm^{3+} doped $Ca_2MgSi_2O_7$ nanophosphor: display and electrochemical sensor applications[J]. Journal of Rare Earths, 2024, 42 (6): 1046.

第 8 章

NaBaBi$_2$(PO$_4$)$_3$:RE^{3+} 的发光性能与应用

8.1 引言

近年来，闪铋矿结构磷酸盐化合物 A$_3$M(PO$_4$)$_3$（A 为二价阳离子，M 为三价阳离子）因其出色的特性，诸如宽禁带、高亮度的发光效应以及卓越的热稳定性而备受科研界的瞩目[1]。此外，磷酸盐还具备成本低廉、制备温度适中、物理性能优越、热稳定性强以及环保等优点，这使得其更具竞争力。因此，本文选用了具有闪铋矿结构的 NaBaBi$_2$(PO$_4$)$_3$（简称 NBBP）作为荧光粉的基质材料，并对其光致发光特性、物理性质、颜色可调性以及电致发光特性进行了系统研究。

8.2 NaBaBi$_2$(PO$_4$)$_3$:Sm^{3+} 的发光性能与应用

8.2.1 NaBaBi$_2$(PO$_4$)$_3$:Sm^{3+} 的制备及微观结构

（1）NaBaBi$_2$(PO$_4$)$_3$:Sm^{3+} 的制备

采用 4.2.1 节的方法和流程制备了 NBBP:xSm^{3+} (x=0，0.01，0.03，0.05，0.07，0.09) 荧光粉。所选原料包括 Na$_2$CO$_3$、NH$_4$H$_2$PO$_4$、BaCO$_3$、Bi$_2$O$_3$ 和 Sm$_2$O$_3$，烧结温度为 900℃，时间 4h。

（2）NaBaBi$_2$(PO$_4$)$_3$:Sm^{3+} 的物相

通过对比 NBBP:xSm^{3+} 的 XRD 衍射图谱［如图 8-1（a）所示］与标准 PDF

卡（＃47-0843），我们可以清晰地看出，所有浓度的样品均呈现出单相的特征。进一步分析样品中各离子的半径和配位数，我们发现所有离子的配位数均为 6，且 Bi^{3+}、Ba^{2+}、Na^+ 和 Sm^{3+} 的半径分别为 1.03Å、1.35Å、1.02Å 和 0.958Å。由于 Sm^{3+} 的价态和半径与 Bi^{3+} 最为接近，因此可以合理推测 Sm^{3+} 主要取代了 Bi^{3+} 进入主晶格。$NaBaBi_2(PO_4)_3$ 晶体具有闪铋矿结构，空间群为 $I\bar{4}3d(220)$，晶格参数为 $a=b=c=10.2601$Å，$V=1080.12$Å^3，$Z=4$。为了验证合成样品的纯度，我们选择了 NBBP:0.05Sm^{3+} 样品进行了 XRD 慢扫描测试，进行了 Rietveld 精修 [如图 8-1（b）所示]，并得到了详细的精修参数（见表 8-1）。随着较小的 Sm^{3+} 进入晶格，晶体的晶格参数 a、b 和 c 相对减小，单胞体积也相应减小。精修后的 R_{wp} 和 R_p 因子均表现出较高的可靠性，这进一步证实了精修结果的准确性。

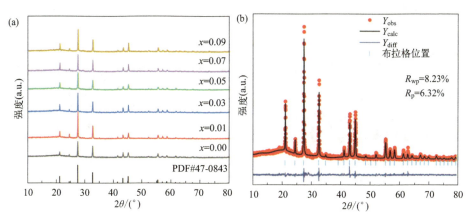

图 8-1　（a）NBBP:xSm^{3+} 的 XRD 衍射图；（b）NBBP:0.05Sm^{3+} 的 XRD 精修图

表 8-1　NBBP 和 NBBP:0.05Sm^{3+} 的结构精修参数

样品	NBBP	NBBP: 0.05Sm^{3+}
空间群	$I\bar{4}3d$ (220)	$I\bar{4}3d$ (220)
$a=b=c$/Å	10.2601	10.2409
$\alpha=\beta=\lambda$	90°	90°
Z	4	4
V/Å^3	1080.12	1074.04

（3）NaBaBi$_2$(PO$_4$)$_3$:Sm^{3+} 的 SEM 和 EDS

图 8-2（a）展示了 NaBaBi$_2$(PO$_4$)$_3$:0.05Sm^{3+} 的透射电子显微镜（TEM）图像，

从中可以清晰地观察到样品的粒径分布情况。图像显示，这些颗粒呈现出闪铋矿的结构形态，尺寸从 1μm 至 30μm 不等。我们利用能量散射光谱对荧光粉的元素分布进行了详细分析，结果如图 8-2（b）～（h）所示，这些图谱展示了所有应有元素的特征峰。同时，NBBP:0.05Sm³⁺ 的元素分布图也进一步证实了 Sm³⁺ 已经成功地掺入基质材料之中。

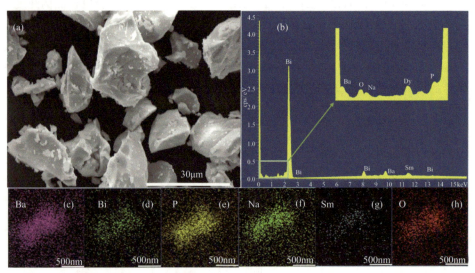

图 8-2　（a）NBBP:0.05Sm³⁺ 荧光粉的 TEM 图；（b）NBBP:0.05Sm³⁺ 的 EDS 图；（c）～（h）NBBP:0.05Sm³⁺ 的元素分布图

（4）NaBaBi₂(PO₄)₃:Sm³⁺ 的 XPS

选取 NBBP:0.05Sm³⁺ 样品，以 C 1s 电子能级峰值作为参照标准，图 8-3（a）展示了 0 ～ 1200eV 范围内所有元素的峰值位置。在图 8-3（a）中，可以清晰地识别出基质中存在的 P、O、Bi、Ba 等元素以及掺杂的 Sm 元素，这再次验证了 Sm³⁺ 已成功掺入基质晶格之中。利用高分辨率 XPS，我们测量了 NBBP:0.05Sm³⁺ 荧光粉中 Na 1s、Ba 3d、Bi 4f、P 2p、Sm 3d 和 O 1s 的特征结合能。在图 8-3（b）中，P 2p 信号呈现出两个明显的峰，结合能分别为 133.08eV 和 135.73eV，分别对应于 P ²p₁/₂ 和 P ²p₃/₂。在图 8-3（c）中，O 1s 也展现出两个独立的峰，其中 530.80eV 处的峰与 O 和 P 的配位相关，而 533.64eV 处的峰则归因于 Sm—O 键的形成。在图 8-3（d）中，Bi 4f 观察到三个峰，其中 159.51eV 和 164.66eV 处的峰分别归属于 Bi ⁴f₅/₂ 和 Bi ⁴f₇/₂，而 162.38eV 处的峰则对应于价态为 0 的 Bi 离子，即 Bi ⁴f₇/₂ 的另一种形态。图 8-3（e）展示了 Ba ³d₅/₂ 和 Ba ³d₃/₂ 的峰，分别位于 779.91eV 和 782.67eV，对应于 Ba 元素。如图 8-3（f）所示，Sm 3d 的特征峰位于 1083.85eV。在图 8-3（g）中，Na 呈现出两个峰，其中

1071.54eV 处的峰与 Na—O 的形成能相关，而 1074.03eV 处的峰则是由样品与大气接触所产生的杂质峰。

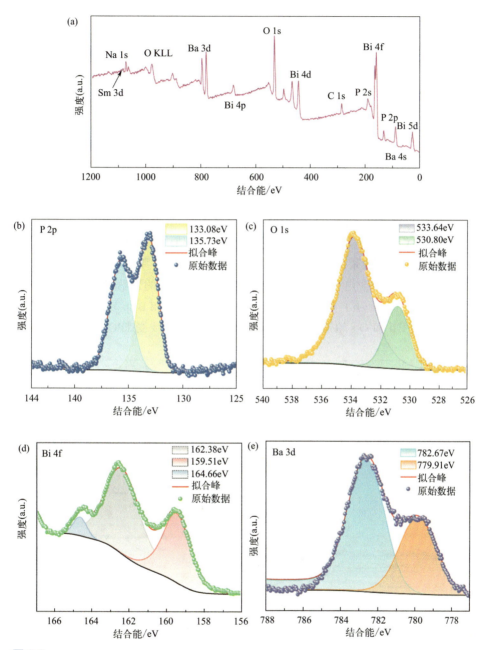

图 8-3

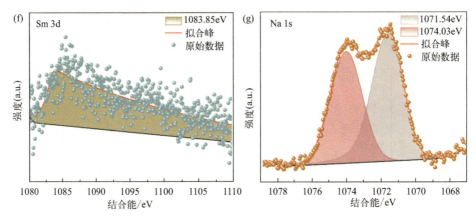

图 8-3 （a）NBBP:0.05Sm³⁺ 荧光粉的全谱图；（b）P 的 2p 峰、（c）O 的 1s 峰、（d）Bi 的 4f 峰、（e）Ba 的 3d 峰、（f）Sm 的 3d 峰以及（g）Na 的 1s 峰的 XPS 扫描图

（5）NaBaBi₂(PO₄)₃ 的能带结构和态密度

图 8-4 （a）展示了 $NaBaBi_2(PO_4)_3$ 的理论带隙值。在布里渊区的 Gamma 点，可以清晰地观察到价带顶与导带底，这为 $NaBaBi_2(PO_4)_3$ 被判定为直接带隙材料提供了有力的理论支撑。电子在费米能级间的跃迁，对材料的光学特性具有至关重要的影响。而图 8-4 （b）则揭示，导带底部主要由 P p 和 Bi p 轨道构成，价带顶部则主要由 P p 和 O s 轨道组成，这表明价带的构成主要受 [PO₄] 基团的主导。

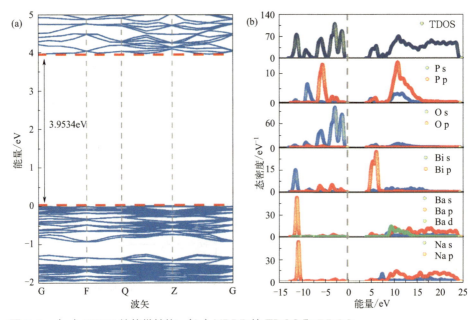

图 8-4 （a）NBBP 的能带结构；（b）NBBP 的 TDOS 和 PDOS

8.2.2 NaBaBi$_2$(PO$_4$)$_3$:Sm^{3+} 的发光性能

(1) NaBaBi$_2$(PO$_4$)$_3$:Sm^{3+} 的光致发光特性

在图 8-5（a）的左侧部分，我们观察到了在 597nm 监测波长下，NaBaBi$_2$(PO$_4$)$_3$:0.05Sm^{3+} 的激发光谱。该光谱在 344nm、361nm、375nm、402nm、439nm 及 467nm 处展现出明显的激发峰，这些激发峰对应于 Sm^{3+} 的 $^6H_{5/2}$ 能级向 $^4F_{9/2}$、$^4D_{3/2}$、$^6D_{1/2}$、$^4F_{7/2}$、$^4G_{9/2}$、$^4I_{13/2}$ 能级的跃迁。而在图 8-5（a）的右侧部分，则展示了在 402nm 激发波长下，NBBP:xSm^{3+} 的发射光谱。该光谱的主要发射峰位于 597nm（对应于 $^4G_{5/2} \rightarrow {}^6H_{7/2}$ 的跃迁），其周边还伴随着三个较小的发射峰，分别位于 561nm（$^4G_{5/2} \rightarrow {}^6H_{5/2}$）、643nm（$^4G_{5/2} \rightarrow {}^6H_{9/2}$）及 706nm（$^4G_{5/2} \rightarrow {}^6H_{11/2}$）。随着 Sm^{3+} 浓度的提升，这些特征峰的强度先逐渐增强，随后又逐渐减弱，但峰位始终保持不变。这一现象可归因于浓度猝灭效应的影响。

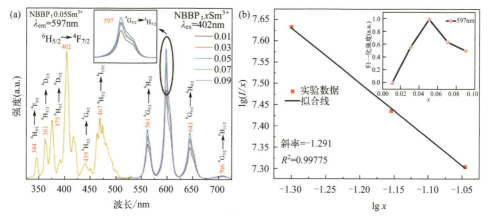

图 8-5 （a）NBBP:0.05Sm^{3+} 的激发光谱（左）和 NBBP:xSm^{3+} 发射光谱（右）；（b）lg(I/x) 和 lg$x$ 之间的关系拟合图（插图：发射强度随 x 的归一化变化曲线）

经过计算，NaBaBi$_2$(PO$_4$)$_3$:0.05Sm^{3+} 的临界距离 R_c 约为 21.7269Å，这一数值显著大于 5Å 的阈值，由此推断多极 - 多极相互作用是导致浓度猝灭的主要因素。在图 8-5（b）中，我们展示了 lg(I/x) 与 lg$x$ 之间的线性关系图。通过线性拟合分析，我们得到了斜率为 -1.291 的拟合直线，并据此计算出 Q 值为 3.873。由于 Q 值接近 6，我们可以推断 NaBaBi$_2$(PO$_4$)$_3$:0.05Sm^{3+} 中的多极相互作用机制属于偶极 - 偶极跃迁类型。

(2) NaBaBi$_2$(PO$_4$)$_3$:Sm^{3+} 的热稳定性

图 8-6（a）描绘了该样品在 303K 至 478K 温度范围内的发光光谱等高线

图。从图中可以清晰地看到，随着温度的逐渐升高，三个发光峰的颜色逐渐变淡，这直观地反映了发光强度随温度上升而下降的趋势。图 8-6（b）进一步展示了在温度从 303K 升高至 428K 的过程中，样品的发光强度仍能保持其在 303K 时强度的 84.42%，这一数据有力地证明了该样品具备卓越的热稳定性。通过拟合分析，我们得到了图 8-6（c）所展示的自然对数 $\ln(I_0/I_T-1)$ 与 $1/(k_BT)$ 之间的关系图。从该图的斜率中，我们计算出了活化能 ΔE 为 0.2417eV，这一结果表明 $NaBaBi_2(PO_4)_3$:0.05Sm^{3+} 荧光粉在热激发条件下具有优良的热稳定性，展现出其在高温环境下保持发光性能的巨大潜力。

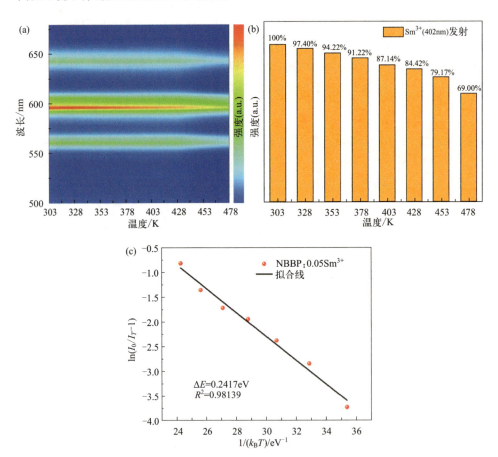

图 8-6 （a）不同温度下发射光谱的等高线图；（b）不同温度下发射强度的归一化；（c）$\ln(I_0/I_T-1)$ 和 $1/(k_BT)$ 之间的关系图和拟合线

（3）$NaBaBi_2(PO_4)_3$:Sm^{3+} 的荧光寿命

图 8-7 展示了 NBBP:xSm^{3+} 的荧光寿命衰减曲线，其荧光寿命通过单指数曲线拟合得出。得到 Sm^{3+} 浓度为 0.01、0.05 和 0.09 时的荧光寿命，具体数值为 0.296ms、

0.283ms 和 0.268ms。随着 Sm³⁺ 浓度的提升，荧光衰减时间呈现缩短的趋势。

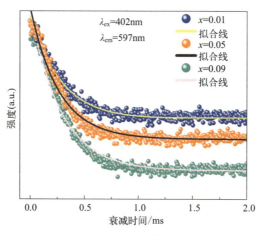

图 8-7　NBBP:xSm³⁺ 的荧光寿命曲线

8.2.3　NaBaBi₂(PO₄)₃:Sm³⁺ 的应用

为了验证 NBBP:0.05Sm³⁺ 在 WLED 领域的实际应用效果，将商用蓝色荧光粉 $BaMgAl_{10}O_{17}$:Eu²⁺、商用绿色荧光粉 Ba_2SiO_4:Eu²⁺ 与 NBBP:0.05Sm³⁺ 进行了科学配比，并将它们封装至一个激发波长为 395nm 的近紫外 LED 芯片内。在 3.4V 电压与 0.4A 电流的驱动下，图 8-8 清晰展示了 LED 点亮后的光谱图及其明亮的外观。实验数据表明，经过封装的 WLED 呈现出较低的色温值（CCT 约为 4280K）与较高的显色指数（CRI 约为 82）。这些优异的性能特点充分展现了 NBBP:0.05Sm³⁺ 在 WLED 领域的广阔应用前景。

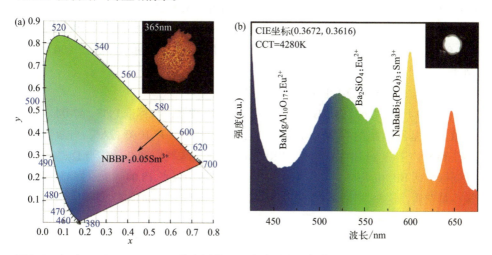

图 8-8　（a）NBBP:0.05Sm³⁺ 荧光粉的 CIE 色度坐标；（b）WLED 的 EL 光谱

8.2.4 小结

本研究通过传统固态合成法成功制备了 NBBP:Sm³⁺ 荧光粉，并运用了 XRD、SEM、EDS、XPS 以及光谱分析等多种技术手段，对 Sm^{3+} 在 NBBP 基质中的引入情况进行了全面探究。XRD、EDS 与 XPS 的检测结果均证实，Sm^{3+} 成功取代了 Bi^{3+}，并嵌入基质晶格之中。SEM 图像清晰地显示出，所制备的颗粒尺寸为 $1 \sim 30\mu m$。NBBP 的光带计算为 3.9334eV。在 402nm 波长的光激发下，所有不同 Sm^{3+} 浓度的样品均在 597nm 波长处展现出一个显著的发光峰值，进而确定 NBBP 中 Sm^{3+} 的最优掺杂浓度为 $x=0.05$。当我们将橙红色的 NBBP:0.05Sm³⁺ 荧光粉与商用的蓝色及绿色荧光粉相混合，并整合至 LED 装置中时，所得器件的色温达到了 4280K，显色指数也高达 82。综上所述，这些研究成果充分表明，NBBP:xSm³⁺ 在 LED 照明领域具备极为广阔的发展应用前景。

8.3 NaBaBi₂(PO₄)₃:Dy³⁺/Sm³⁺ 的发光性能与应用

8.3.1 NaBaBi₂(PO₄)₃:Dy³⁺/Sm³⁺ 的制备及微观结构

（1）NaBaBi₂(PO₄)₃:Dy³⁺/Sm³⁺ 的制备

采用高温固相反应法制备了一系列不同掺杂浓度的 NBBP:xDy³⁺（$x=0$，0.01，0.03, 0.05，0.07，0.08，0.09）、NBBP:0.07Dy³⁺, ySm³⁺（$y=0.01$，0.03，0.05，0.07，0.09）以及 NBBP:0.05Sm³⁺ 荧光粉。制备 NBBP 复合物的原料包括 Na_2CO_3（99.00%）、$NH_4H_2PO_4$（99.99%）、$BaCO_3$（99.99%）、Bi_2O_3（99.99%）以及 Sm_2O_3（99.99%）或 Dy_2O_3（99.99%），将研磨后的混合物放入马弗炉中，于 900℃下烧结 4h。

（2）NaBaBi₂(PO₄)₃:Dy³⁺/Sm³⁺ 的物相

图 8-9（a）所示为 NBBP 基质的粉末 XRD 数据，与标准 PDF #47-0843 高度一致。该基质晶胞的参数为 $a=b=c=10.2601$Å，$Z=4$，$V=1080.12$Å³。当激活离子 Dy^{3+} 和 Sm^{3+} 掺杂到 Bi^{3+} 位点时，XRD 衍射图谱中未观察到杂质。当 Dy^{3+} 和 Sm^{3+} 共同掺杂到 Bi^{3+} 位点时，在放大的 XRD 衍射图谱中仅在 18.04° 和 19.36° 处观察到极少量杂质，这些杂质峰的位置与 $Na_3Bi(PO_4)_2$（PDF#00-041-0178）相关，与文献 [2,3] 报道的结果一致。

Na^+、Ba^{2+}、Bi^{3+} 的离子半径分别为 1.02Å、1.35Å、1.03Å，掺杂离子 Dy^{3+} 和 Sm^{3+}（RE³⁺）的半径分别为 0.912Å 和 0.958Å。由于所有离子的配位数 $CN=6$，计

算结果表明 Na⁺ 和 Bi³⁺ 可被 Dy³⁺ 和 Sm³⁺ 取代，而 Ba²⁺ 则很难被掺杂离子取代。考虑到基质离子（Na⁺、Ba²⁺、Bi³⁺）和掺杂离子的价态，掺杂离子更可能随机取代 Bi³⁺ 位点，这对于维持晶体结构的稳定性至关重要。此外，样品的结构精修参数如表 8-2 所示。晶胞参数和晶胞体积均显著减小，证明半径较小的 RE³⁺ 已成功进入基质中取代了半径较大的 Bi³⁺。

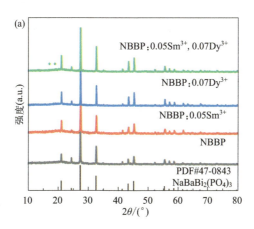

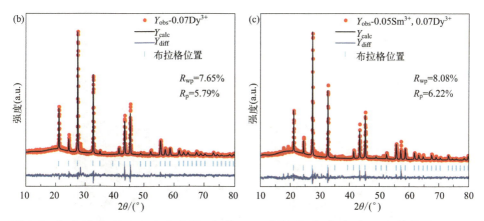

图 8-9　（a）NaBaBi₂(PO₄)₃:Dy³⁺/Sm³⁺ 的 XRD 衍射图；（b），（c）XRD 精修图

表 8-2　Rietveld 精修结果

样品	R_{wp}/%	R_p/%	a/Å	V/Å³
NBBP:0.07Dy³⁺	7.65	5.79	10.2534	1077.96
NBBP:0.07Dy³⁺, 0.05Sm³⁺	8.08	6.22	10.2346	1072.05

为进一步验证样品的纯度，对 NBBP:0.07Dy³⁺ 和 NBBP:0.07Dy³⁺, 0.05Sm³⁺ 样品进行了 XRD 慢扫测试。本文使用 Sr₃Bi(PO₄)₃（COD-ID-4316935.CIF）作为初始

结构，并通过 GSAS 软件对所得数据进行精修。所有结果如图 8-9 所示，表明精修后的 XRD 衍射图谱与实验结果吻合良好。NBBP:0.07Dy^{3+} 的 R_{wp} 和 R_p 值分别为 7.65% 和 5.79%，NBBP:0.07Dy^{3+},0.05Sm^{3+} 的 R_{wp} 和 R_p 值分别为 8.08% 和 6.22%。样品的详细精修数据如表 8-2 所示。晶胞参数和晶胞体积均显著减小，证明半径较小的 RE^{3+}（Dy^{3+}、Sm^{3+}）已成功进入基质中取代了半径较大的 Bi^{3+}。

（3）NaBaBi$_2$(PO$_4$)$_3$:Dy^{3+}/Sm^{3+} 的 SEM 和 EDS

图 8-10（a）～（d）分别展示了 NBBP、NBBP:0.07Dy^{3+}、NBBP:0.05Sm^{3+} 和

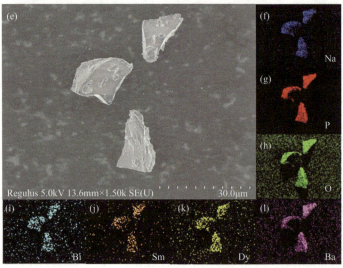

图 8-10 （a）~（d）NBBP、NBBP:0.07Dy^{3+}、NBBP:0.05Sm^{3+} 及 NBBP:0.07Dy^{3+},0.05Sm^{3+} 的 SEM 图；（e）~（l）NBBP:0.07Dy^{3+},0.05Sm^{3+} 的元素分布图

NBBP:0.07Dy^{3+}, 0.05Sm^{3+} 的 SEM 图像。值得注意的是，所有荧光粉样品均表现出均匀的粒径分布，平均直径约为 20μm，这对于将其封装到白光 LED 中极为有利。使用 SEM 照片和元素分布图对 NBBP:0.07Dy^{3+}, 0.05Sm^{3+} 荧光粉的表面形态和元素分布进行了表征。图 8-10（e）显示样品为块状结构，样品颗粒直径约为 20μm。使用元素分布图确定了制备产品的组成，图 8-10（f）～（1）展示了样品的元素分布图。确认 NBBP:0.07Dy^{3+}, 0.05Sm^{3+} 荧光粉中存在 Na、Ba、Bi、P、O、Dy 和 Sm 元素，Dy^{3+} 和 Sm^{3+} 取代了基质中的 Bi^{3+}，因此这三种离子的信号强度相对较弱。

8.3.2　NaBaBi$_2$(PO$_4$)$_3$:Dy^{3+}/Sm^{3+} 的吸收光谱

带隙的宽度与基质材料的固有属性密切相关，8.2 节的理论计算进一步证实了 NBBP 具有直接带隙特性。图 8-11（a）展示了 NBBP、NBBP:0.07Dy^{3+}、NBBP:0.05Sm^{3+}、NBBP:0.07Dy^{3+}, 0.05Sm^{3+} 样品的吸收光谱以及 $(\alpha h v)^2$ 与 hv 之间的关系曲线图 [图 8-11（b）]。得出 NBBP、NBBP:0.07Dy^{3+}、NBBP:0.05Sm^{3+}、NBBP:0.07Dy^{3+}, 0.05Sm^{3+} 的带隙宽度分别为 3.965eV、3.924eV、3.928eV 和 3.896eV。

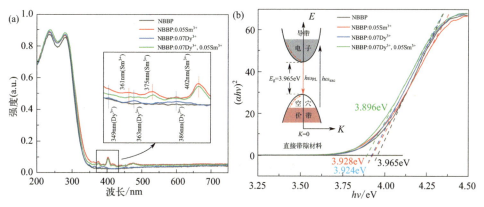

图 8-11　（a）吸收光谱；（b）hv 与 $(\alpha h v)^2$ 关系图

8.3.3　NaBaBi$_2$(PO$_4$)$_3$:Dy^{3+}/Sm^{3+} 的发光性能

（1）NaBaBi$_2$(PO$_4$)$_3$:xDy^{3+} 的光致发光特性

图 8-12（a）（左）展示了 NBBP:0.07Dy^{3+} 的激发光谱。可以清晰地观察到，在 324nm、349nm、363nm、386nm、425nm、452nm 和 472nm 处存在七个激发带，它们分别对应于 Dy^{3+} 的 $^6H_{15/2} \rightarrow$ ($^6P_{3/2}$, $^6P_{7/2}$, $^6P_{5/2}$, $^4I_{13/2}$, $^4G_{11/2}$, $^4I_{15/2}$, $^4F_{9/2}$) 跃迁。如图 8-12（a）（右）所示，当 NBBP:xDy^{3+} 荧光粉受到 349nm 光的激发时，出现两个强的发射带，一个在 485nm 处呈现蓝色发射，另一个在 573nm 处呈现黄色发射。同时，

在 664nm 处还可以看到一个较弱的发射带。对于 NBBP:xDy^{3+} 荧光粉，如图 8-12（a）中展示的发射光谱显示，与 485nm 的磁偶极跃迁相比，573nm 的电偶极跃迁强度更强，从而表现出黄光发射。在图 8-12（b）中，插图强调了发光强度在 x=0.07 时达到峰值。这一现象的主要原因是，Dy^{3+} 浓度的增加缩短了相邻发光中心之间的距离，导致浓度猝灭。NaBaBi$_2$(PO$_4$)$_3$:0.07Dy^{3+} 样品，V=1074.04Å^3，x_c=0.07，N=4。将这些值代入方程（3-7）后，计算得出临界距离 R_c 为 19.4453Å。可以看出，R_c 的值远大于 5Å，因此 Dy^{3+} 之间的能量转移占主导地位，且掺杂离子之间的能量转移由多极相互作用产生。图 8-12（b）显示了 lg(I/x) 与 lg$x$ 之间的相关性。进行线性拟合分析后，可以计算出斜率值（$-Q$/3）为 -2.291，从而得出 Q 值为 6.873。Q 值更接近 6，表明偶极-偶极（d-d）相互作用可能是导致 NBBP:xDy^{3+} 荧光粉中观察到浓度猝灭的原因。

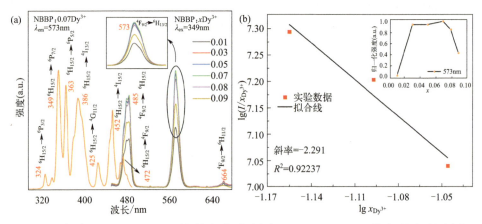

图 8-12 （a）NBBP:0.07Dy^{3+} 的激发光谱（左）和 NBBP:xDy^{3+} 的发射光谱（右）；（b）lg(I/x) 和 lg$x$ 之间的关系拟合图（插图：发射强度随 x 的归一化变化曲线）

（2）NaBaBi$_2$(PO$_4$)$_3$:0.04Dy^{3+}/ySm^{3+} 的光致发光特性

为了探究该荧光粉白光的可调性，我们选取发光强度最高的 NBBP:0.07Dy^{3+}，并向其中掺入不同浓度的 ySm^{3+}（y=0，0.01，0.03，0.05，0.07，0.09）。如图 8-13（a）所示，当样品中同时掺入 Dy^{3+} 和 Sm^{3+} 时，从光致发光激发光谱中可以观察到 Dy^{3+} 和 Sm^{3+} 在 363nm 处的共同激发带。图 8-13（b）展示了 NBBP:0.07Dy^{3+}, 0.05Sm^{3+} 及 NBBP:0.07Dy^{3+}/0.05Sm^{3+} 的发射光谱。从中可以看出，除了 Dy^{3+} 在 485nm 和 573nm 处的特征发射外，共掺荧光粉的发射光谱中还出现了 Sm^{3+} 在 597nm 和 643nm 处的两个特征发射峰。图 8-13（c）则展示了不同 Sm^{3+} 浓度掺杂下的发射光谱。随着 Sm^{3+} 掺入量的增加，Dy^{3+} 在 573nm 附近的发射峰强度持续降低，而 Sm^{3+} 的发射峰强度则逐渐增强，并在 y=0.05 时达到最大值。

当Sm³⁺浓度超过0.05时，由于浓度猝灭效应，样品的发光强度逐渐减弱。图8-13（c）中的光致发光光谱证明了NBBP:0.07Dy³⁺, ySm³⁺荧光粉中存在Dy³⁺ → Sm³⁺的能量传递现象。

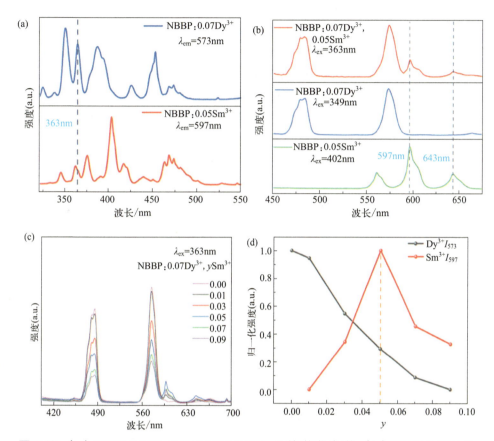

图 8-13 （a）NBBP:0.07Dy³⁺ 和 NBBP:0.05Sm³⁺ 的激发光谱；（b）NBBP:0.07Dy³⁺、NBBP:0.05Sm³⁺ 及 NBBP:0.07Dy³⁺, 0.05Sm³⁺ 的发射光谱；（c）NBBP:0.07Dy³⁺, ySm³⁺ 的发射光谱；（d）归一化发射强度随 y 值的变化曲线

（3）NaBaBi₂(PO₄)₃:Dy³⁺/Sm³⁺ 的能量传递机理

根据图 8-13（d）所示，随着 Sm³⁺ 掺杂浓度的增加，Dy³⁺ 的发射峰强度逐渐降低，这表明可能存在 Dy³⁺ 向 Sm³⁺ 的能量转移。敏化剂与激活剂离子（Dy³⁺、Sm³⁺）之间的能量转移效率（η_T）通过公式（5-9）计算得出。随着 Sm³⁺ 浓度的增加，Dy³⁺ 与 Sm³⁺ 之间的能量转移效率逐渐从 3% 增加到 73%。图 8-14 展示了共掺 Dy³⁺ 和 Sm³⁺ 的 NBBP 的详细能级图和可能的能量传递过程。在 349nm、363nm、386nm、425nm 和 452nm 的激发下，Dy³⁺ 被激发到 $^6P_{7/2}$、

$^6P_{5/2}$、$^4I_{13/2}$、$^4G_{11/2}$ 和 $^4I_{15/2}$ 激发态能级，而 Sm^{3+} 被激发到 $^4D_{3/2}$、$^6D_{1/2}$、$^4F_{7/2}$、$^4G_{9/2}$ 和 $^4I_{13/2}$ 激发态能级。通过无辐射弛豫过程，Dy^{3+} 和 Sm^{3+} 分别弛豫到各自的最低激发态（Dy^{3+}：$^4F_{9/2}$，Sm^{3+}：$^4G_{5/2}$）。由于 Dy^{3+}（$^4F_{9/2}$）的能级略高于 Sm^{3+}（$^4I_{13/2}$），因此 Dy^{3+} 和 Sm^{3+} 之间可以发生能量转移。因此，Dy^{3+} 的 $^4F_{9/2}$ 能级的一部分能量可以直接转移到 Sm^{3+} 的 $^4I_{13/2}$ 能级，当激发态的电子返回到 Dy^{3+}（$^4F_{9/2} \rightarrow {}^6H_{15/2, 13/2, 11/2}$）和 Sm^{3+}（$^4G_{5/2} \rightarrow {}^6H_{5/2, 7/2, 9/2, 11/2}$）的基态时，这将增强 Sm^{3+} 的 $^4G_{5/2} \rightarrow {}^6H_J$（$J$=5/2, 7/2, 9/2, 11/2）辐射跃迁，从而增强 Sm^{3+} 的发射强度。如图 8-15 所示，根据 Dexter 理论和 Reisfeld 近似，以及关系式（5-10），得出 n=6 时线性拟合度最佳。因此，可以确认在 NBBP:0.07Dy^{3+}, $y$$Sm^{3+}$ 荧光粉中，能量转移机制是通过偶极-偶极相互作用实现的。

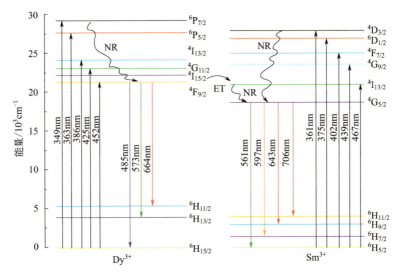

图 8-14　$NaBaBi_2(PO_4)_3$:Dy^{3+}/Sm^{3+} 中 Dy^{3+} 向 Sm^{3+} 能量传递的示意图

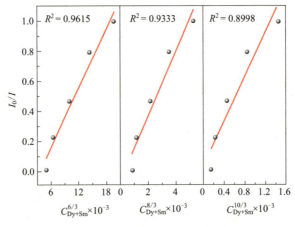

图 8-15　I_0/I 与 $C^{n/3}$（n=6, 8, 10）的关系图

为了更深入地研究 Dy^{3+} 到 Sm^{3+} 的能量转移过程，我们在 363nm 激发下，监测了 NBBP:0.07Dy^{3+}, ySm^{3+}（y=0.01，0.05，0.09）荧光粉在 573nm 处的荧光寿命曲线。荧光寿命曲线符合双指数函数［公式（5-4）］，平均衰减寿命 τ_{ave} 可以通过公式（5-5）确定。图 8-16 展示了 NBBP:0.07Dy^{3+}, ySm^{3+}（y=0，0.01，0.05，0.09）的荧光寿命值，分别为 0.5825ms、0.5656ms、0.5499ms 和 0.5431ms。随着 Sm^{3+} 掺杂浓度的增加，衰减寿命逐渐减小，因此荧光寿命的变化趋势与发射强度一致，这进一步证明了 Dy^{3+} 到 Sm^{3+} 之间存在能量转移。

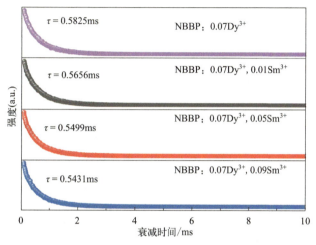

图 8-16　NBBP:0.07Dy^{3+}, ySm^{3+} 的荧光寿命曲线

（4）NaBaBi$_2$(PO$_4$)$_3$:Dy^{3+}/Sm^{3+} 的热稳定性

图 8-17（a）、（d）给 出 了 在 303 ～ 478K 温 度 范 围 内，363nm 激 发 下 NBBP 荧光粉的光致发光光谱。结合图 8-17（b）、（e）可以看出，随着温度的升高，光谱的 PL 发射强度逐渐降低。在 428K 时，掺杂的 NBBP:0.07Dy^{3+} 和 NBBP:0.07Dy^{3+}, 0.05Sm^{3+} 荧光粉能够分别保持初始发光强度（303K 时）的 86.89% 和 81.79%。最佳浓度的共掺荧光粉（NBBP:0.07Dy^{3+}, 0.05Sm^{3+}）在 428K 时也保持了优异的发光强度。NBBP 系列荧光粉的热猝灭活化能根据发射光谱的实验数据，绘制了 $\ln(I_0/I_T-1)$ 与 $1/(k_BT)$ 的关系图，如图 8-17（c）、（f）所示。根据线性拟合结果，NBBP:0.07Dy^{3+} 和 NBBP:0.07Dy^{3+}, 0.05Sm^{3+} 的 ΔE 分别为 0.1187eV 和 0.1835eV。表明所制备的 NBBP: 0.07Dy^{3+}, 0.05Sm^{3+} 荧光粉表现出显著优越的热稳定性。

（5）NaBaBi$_2$(PO$_4$)$_3$:Dy^{3+}/Sm^{3+} 的 CIE 和 CCT

基于 NBBP:0.07Dy^{3+}, ySm^{3+} 的光致发光发射光谱，我们计算了色度坐标。表 8-3 显示，在 363nm 激发下，随着 Sm^{3+} 掺杂浓度的增加，所制备的荧光粉颜色从黄色逐渐过渡到中性白色。因此，NBBP:0.07Dy^{3+}, ySm^{3+} 荧光粉在日常白光 LED 照明中具有潜在的应用价值。通过利用 NBBP:0.07Dy^{3+}, ySm^{3+} 的光致发光特性和能量转移，可以实现紫外激发的白光 LED 应用，从而生成可调颜色。

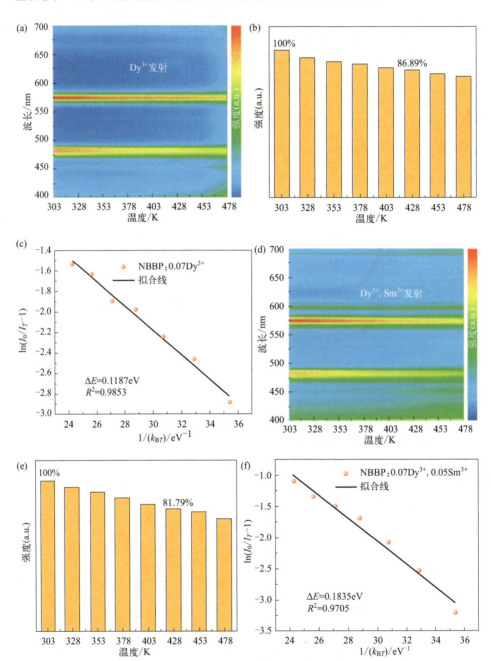

图 8-17 （a），（d）不同温度下，NBBP:0.07Dy^{3+} 和 NBBP:0.07Dy^{3+}，0.05Sm^{3+} 发射光谱的等高线图；（b），（e）NBBP:0.07Dy^{3+} 和 NBBP:0.07Dy^{3+}，0.05Sm^{3+} 在不同温度下发射强度的归一化；（c），（f）ln(I_0/I_T-1) 与 1/(k_BT) 之间的关系图和拟合线

表 8-3　NBBP:0.07Dy³⁺, ySm³⁺ 的 CIE 色度坐标和色温

样品	λ_{ex}/nm	CIE 色度坐标	CCT/K
NBBP:0.07Dy³⁺	363	（0.3275，0.3590）	5695
NBBP:0.07Dy³⁺, 0.01Sm³⁺	363	（0.3383，0.3647）	5276
NBBP:0.07Dy³⁺, 0.03Sm³⁺	363	（0.3528，0.3668）	4771
NBBP:0.07Dy³⁺, 0.05Sm³⁺	363	（0.3580，0.3511）	4521
NBBP:0.07Dy³⁺, 0.07Sm³⁺	363	（0.3655，0.3684）	4372
NBBP:0.07Dy³⁺, 0.09Sm³⁺	363	（0.3689，0.3707）	4283

图 8-18（a）展示了 NBBP:0.07Dy³⁺, ySm³⁺ 的色度坐标图。基于 NBBP:0.07Dy³⁺, 0.05Sm³⁺ 在 478K 时的色度坐标（0.3201, 0.3110），可以计算出 ΔS 的值为 0.0267。如此小的偏移量表明，即使在高温（478K）下，掺杂的 NBBP 样品也能保持良好的颜色再现性。

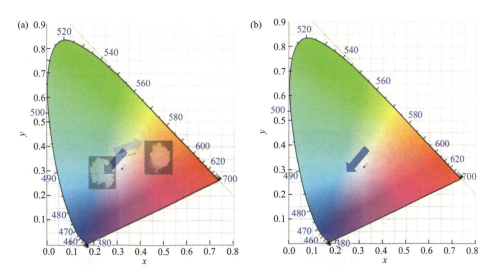

图 8-18　（a）NBBP:0.07Dy³⁺, ySm³⁺ 的 CIE 色度坐标；（b）在 298 ～ 478K 范围内，NBBP:0.07Dy³⁺, 0.05Sm³⁺ 的 CIE 色度坐标变化

8.3.4　NaBaBi₂(PO₄)₃:Dy³⁺/Sm³⁺ 的应用

为了进一步探索荧光粉在白光 LED 领域的应用潜力，我们制备了 NBBP:

0.07Dy^{3+}, 0.05Sm^{3+} 与环氧树脂的混合物，并将其封装在 365nm LED 芯片上。在 3.4V 偏压和 600mA 驱动电流下获得的电致发光光谱如图 8-19 所示。图 8-19 中的插图展示了加偏压和未加偏压的白光 LED。实验分析后确定，封装后的 LED 的色温为 4434K，色度坐标为（0.3594，0.3454）。图 8-19（b）展示了在 3.4V 偏压下，不同驱动电流下白光 LED 的电致发光光谱。数据表明，随着电流的增加，电致发光强度逐渐增强，即使 LED 达到最大电流容忍度时，也未观察到猝灭现象。图 8-19（d）展示了在 3.4V 电压和 600mA 电流下，白光 LED 在不同时间间隔的热成像图。图中的温度单位为摄氏度（℃）。图 8-19（c）中的照片和热成像图是在运行 70min 后拍摄的，证明了白光 LED 在高温下能够长时间稳定运行。

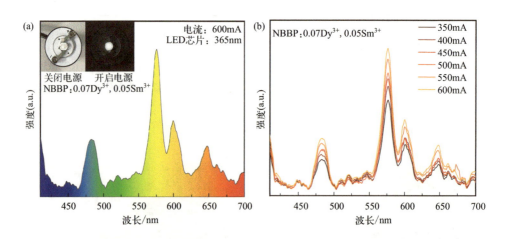

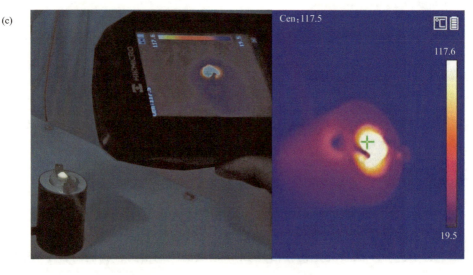

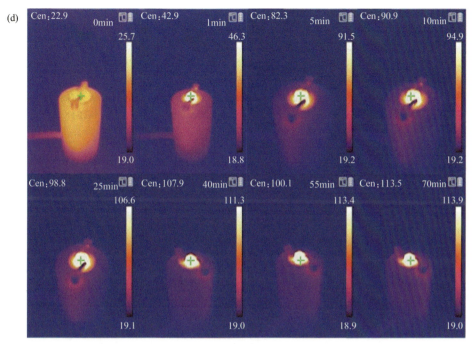

图 8-19 （a）使用 NBBP:0.07Dy³⁺, 0.05Sm³⁺ 荧光粉制作的 WLED 的电致发光光谱（插图：WLED 器件照片）；（b）WLED 在不同电流驱动下的电致发光光谱；（c）WLED 在运行 70min 后的热成像图；（d）WLED 在不同运行时间下的的热成像图

8.3.5 小结

本章中，所制备的 NBBP:0.07Dy³⁺, ySm³⁺ 荧光粉在 300 ～ 470nm 范围内可有效被激发，表明该荧光粉可用于由紫外 LED 芯片激发的白光 LED 上。本研究通过共掺杂 Dy³⁺ 和 Sm³⁺，得出敏化剂 Dy³⁺ 与激活剂 Sm³⁺ 之间的能量传递最大潜在传递效率为 73%。荧光寿命曲线结果也证实了存在从 Dy³⁺ 到 Sm³⁺ 的能量传递。随着 Sm³⁺ 浓度的增加，在 363nm 激发下，NBBP:0.07Dy³⁺, ySm³⁺ 荧光粉样品的发光颜色可从黄色调至中性白色。NBBP:0.07Dy³⁺, 0.05Sm³⁺ 荧光粉在 428K 时的发光强度为初始强度的 81.79%，表现出良好的抗热猝灭性能。将 NBBP:0.07Dy³⁺, 0.05Sm³⁺ 封装到白光 LED 中后，色温达到了 4434K，且所得器件在高温下能长时间稳定运行。结果表明，NBBP:Dy³⁺, Sm³⁺ 荧光粉作为单一基质，在紫外 / 近紫外激发的高功率白光 LED 应用中具有巨大潜力。

参考文献

［1］赵荣力.磷酸盐基光色可调发光材料的制备与性能研究［D］.贵阳：贵州大学，2024.

［2］Yu B，Li Y，Zhang R，et al. A novel thermally stable eulytite-type $NaBaBi_2(PO_4)_3$:Eu^{3+} red-emitting phosphor for pc-WLEDs［J］. Journal of Alloys and Compounds，2021，852：157020.

［3］Hu P，Deng Z，Wang T，et al. Synthesis and luminescence properties of red-emitting $NaBaBi_2(PO_4)_3$:Eu^{3+} phosphors［J］. Journal of Materials Science：Materials in Electronics，2021，32：5821-5830.